美术与设计类专业理论及实践教学系列教材

主　　编　潘鲁生
执行主编　董占军　唐家路

游戏艺术设计

顾群业

宋玉远　编著

张光帅

清华大学出版社

北　京

内 容 简 介

本书通过对游戏的概念、角色造型、场景设计、贴图制作、动作设计、UI设计等环节，对游戏制作的美工、特效、造型等进行详细阐述。深入浅出地对游戏设计中的艺术元素进行系统分析，有助于读者对游戏设计进行深入的理解和学习。作为设计艺术教育学科建设教材，本书有针对地对游戏制作的技术与艺术有机结合进行探索。

本书适用于艺术院校游戏专业学生学习及使用。

版权所有，侵权必究。侵权举报电话：010-62782989　13701121933

图书在版编目（CIP）数据

游戏艺术设计/顾群业，宋玉远，张光帅编著． --北京：清华大学出版社，2012.12
（美术与设计类专业理论及实践教学系列教材）
ISBN 978-7-302-29574-7

Ⅰ.①游…　Ⅱ.①顾…　②宋…　③张…　Ⅲ.①游戏-软件设计-高等学校-教材　Ⅳ.①TP311.5

中国版本图书馆CIP数据核字（2012）第179292号

责任编辑：甘　莉
装帧设计：王承利
责任校对：王凤芝
责任印制：李红英

出版发行：清华大学出版社
　　　　网　　址：http://www.tup.com.cn，http://www.wqbook.com
　　　　地　　址：北京清华大学学研大厦A座　　邮　　编：100084
　　　　社 总 机：010-62770175　　　　　　　邮　　购：010-62786544
　　　　投稿与读者服务：010-62776969，c-service@tup.tsinghua.edu.cn
　　　　质量反馈：010-62772015，zhiliang@tup.tsinghua.edu.cn
印 刷 者：北京鑫丰华彩印有限公司
装 订 者：三河市新茂装订有限公司
经　　销：全国新华书店
开　　本：210mm×285mm　　印　　张：11.25　　字　　数：204千字
版　　次：2012年12月第1版　　　　　　　　印　　次：2012年12月第1次印刷
印　　数：1～5000
定　　价：68.00元

产品编号：048350-01

总 序

近 30 年来,我国设计艺术教育在传统工艺美术教育的基础上迅猛发展。当前,不仅艺术院校,在一些综合性大学、理工科大学、单科院校也相继开设了设计艺术类专业。据教育部有关资料显示,截至 2009 年 6 月,全国 1983 所普通高校中已有 1368 所设置了设计艺术类专业,比例高达 69%。高校在校生中,有 5% 为艺术类专业学生,而这 5% 的学生中有 20% 分布在独立建制的艺术类院校,另外 80% 分布在综合性大学等其他类高等学校。21 世纪是"设计的世纪",经济的发展已由产品的价格竞争、质量竞争转向设计的竞争,设计已成为衡量一个国家经济竞争力的重要指标之一。经济的迅速发展、产品的不断更新给社会各方面带来了巨大变革,因而对设计艺术教育也提出了更新、更高的要求。设计艺术专业已被列为社会发展急需专业之一,如何适应社会经济的飞速发展,满足人们物质生活和精神生活的需要,适应设计艺术事业的要求与变革,设计艺术教育与研究正面临新的挑战。

20 世纪末,我国的设计艺术教育发生了重大变化。1998 年,国务院学位委员会在高等院校工艺美术各专业的研究生教育中增设"设计艺术学",将本科"工艺美术"调整为"艺术设计"。学科专业名称的变化,反映了现实的需要和未来的发展方向。早期的工艺美术教育以人们衣、食、住、行、用服务的实际为教育和办学宗旨,以培养专业设计人才为目标,这种办学宗旨和目标可以说体现了当时工艺美术的本质特征。设计艺术涉及的面非常广,与人们的生活息息相关。从人们的日常生活用品到交通工具;从展示设计、企业形象策划、媒体广告、动画,到产品包装、样本、商标;从居室空间到公共环境空间等,无所不及。同时也包括传统工艺美术领域的陶瓷、漆器、印染、金属工艺、玻璃等工艺与设计。随着科学技术的进步和学科的交叉发展,新的设计艺术门类如计算机辅助设计艺术、网页设计艺术、数字媒体设计、游戏设计等不断涌现。无论是传统的"工艺美术",还是现在的"设计艺术",必须与生产实践和生活应用相结合,要做到真正意义上的结合,必须把设计艺术教育放到合理的位置。"设计是科学与艺术的结晶",设计艺术教育要建立一种与"设计艺术学"这一边缘性交叉学科相适应的课程体系。设计艺术教育不是简单的艺术教育问题,从事设计艺术职业的人仅具备感性的艺术素质是远远不够的,而应对管理学、市场学、传播学、心理学、方法学等人文科学、社会科学,以及相关的技术学科知识有充分的了解或把握。

我国的设计艺术教育在机遇与挑战中积极推进。2011年，国务院学位委员会新年会议第一议程通过将艺术学科独立成为"艺术门类"，原归属"05门类"之"文学门类"的艺术学科告别和中国语言文学（0501）、外国语言文学（0502）、新闻传播学（0503）、艺术学（0504）四个并列一级学科，成为新的第十三个学科门类"艺术学门类"。该门类下设五个一级学科：艺术学理论、音乐舞蹈艺术学、戏剧影视艺术学、美术学和设计学。将来占据全国大学招生人数超过5%的艺术学生，从本科到博士将获艺术学学士、艺术学硕士、艺术学博士等学位。"美术学"和"设计学"一级学科的建立，为美术学和设计学的发展提供了强大保障，它表征着中国经济发展对设计艺术的迫切需求，以及设计艺术意识的普遍提高。但是，我们必须在这种迅速发展的形势下，对设计艺术教育发展有清醒的认识，发现设计艺术教育存在的问题，并采取相应的策略。目前，中国设计艺术教育发展主要体现在办学规模上，在学科建设和理论研究上相对滞后。具体表现在：学科体系偏重艺术内容，忽视了设计艺术学的边缘性、交叉性学科属性；专业设置大多是在美术类、工艺美术类或吸收包豪斯教学体系发展起来的，课程设置基本上延续了传统工艺美术以及"三大构成"内容，而对与现代生产、生活和科学技术密切相关的课程缺少足够重视；师资队伍和教材建设与设计艺术发展规模和内涵还存在很大差距。

鉴于这种状况，设计艺术教育应该加强设计艺术学学科建设、专业和教材建设，"美术与设计类专业理论及实践教学系列教材"顺应设计教育的发展需求，以逐步建立和完善设计艺术学科体系为宗旨，培养学生的综合素质为目的，具有设计艺术学科各专业发展的适用性和广泛性。该套系列教材理论和实践结合，作者具有多年的教学实践经验，既可用作高等院校教材，也可作为相关工作人员的参考书。另外，它对我国美术学、设计艺术学科体系建设也具有重要作用。"美术与设计类专业理论及实践教学系列教材"是山东省教学改革立项重点研究项目——《艺术设计类专业应用型人才培养体系及教材建设研究》内容之一，也是落实教育部"创新型应用艺术设计人才培养实验区"的具体举措之一，敬请美术与设计艺术教育界的同行专家批评指正，为促进美术学、设计学发展共同努力。

潘鲁生

2011 年 8 月于泉城

目 录

1　　第一章　游戏概要

2　　第一节　游戏和游戏引擎

2　　　　一、什么是游戏

3　　　　二、什么是游戏引擎

5　　第二节　游戏的特点

5　　　　一、游戏具有娱乐性

6　　　　二、游戏具有虚拟性

7　　　　三、游戏具有参与性

8　　第三节　游戏的分类

8　　　　一、益智类游戏

9　　　　二、运动类游戏

10　　　　三、驾驶类游戏

11　　　　四、冒险类角色游戏

12　　　　五、即时战略类游戏

14　　第四节　游戏分辨率的设置

17　　第二章　游戏的多边形技术

18　　第一节　多边形建模

18　　　　一、多边形的定义

19　　　　二、多边形的顶点

20　　　　三、多边形的边

20　　　　四、多边形的面

22　　　　五、多边形面的法线

24　　　　六、多边形 UV

24　　　　七、多边形几何体

28　　第二节　多边形造型原理分析

28　　　　一、多边形面的数量

29　　　　二、造型技法基础

34　　第三节　卡通角色造型制作实例

34　　　　一、契丹部族姑娘

37　　　　二、魔法师

41 第三章 游戏的角色设计

42 第一节 角色造型

42 一、角色造型概述

47 二、角色的比例

48 第二节 角色分类

48 一、写实类角色

49 二、卡通类角色

49 三、机械形体类角色

51 第三节 角色的服饰和道具

51 一、角色的服饰概述

52 二、角色的道具

55 第四章 游戏的场景设计

56 第一节 游戏场景设计概述

56 一、什么是场景设计

58 二、场景设计依据

64 三、场景设计的特点

65 四、动画的场景步骤分析

68 第二节 游戏场景制作实例

77 第五章 纹理贴图绘制

78 第一节 游戏纹理简述

78 一、纹理的概念

79 二、纹理设计的艺术表现性

82 三、图像文件格式

84 四、纹理的色彩模式

84 第二节 游戏的纹理绘制方法

84 一、用 Photoshop 拼贴纹理

86 二、用 Photoshop 批处理纹理贴图

86 三、用图层制作纹理

87 四、用 Alpha 通道设置纹理

91 五、在 Maya 中制作纹理贴图

93 六、角色 UV 贴图的绘制

95 第六章 分配 UV 与贴图实践

96 第一节 理解 UV 的概念

96 一、什么是 UV？

97	二、什么是 UV 坐标?
98	三、UV 坐标的投影方式
110	第二节　贴图案例实践
111	一、真实的纸箱
116	二、"二战"士兵
131	三、大象纹理贴图
135	第七章　游戏的动画规律
136	第一节　运动规律基础
136	一、速度
137	二、物体的惯性运动
138	三、物体的弹性运动
139	四、物体曲线运动规律
141	五、牛顿第一运动定律
142	六、物体抛入运动
142	七、旋转中的物体运动
143	八、关节的肢体运动
145	九、摩擦、空气阻力和风的作用
147	第二节　角色的运动规律
147	一、行走运动
149	二、人快跑动画循环
151	第三节　四足动物的运动规律
155	第八章　游戏的界面设计
156	第一节　游戏界面设计概述
156	一、游戏界面设计的原则
159	二、游戏界面设计的内容
162	第二节　游戏界面设计赏析
162	一、《星球保卫战Ⅲ》
162	二、《魔兽争霸》
164	三、《帝国时代Ⅲ》
167	四、《战锤40000》
168	五、《Mordillo Jungle Fever》
170	六、《海底打砖块》
171	结　语

第一章　游戏概要

第一节　游戏和游戏引擎

第二节　游戏的特点

第三节　游戏的分类

第四节　游戏分辨率的设置

第一章　游戏概要

　　本书所谈及的"游戏"，特指通过网络进行互动的娱乐活动，是相关科学技术与文化娱乐相结合的产物。这里所指的"网络"，不仅包括通常所说的计算机互联网络，还包括有线电视网、电信网、移动通信网等能够实现互动的各种网络。

　　游戏的设计制作无法脱离科学技术和意识形态的影响，对文化艺术的沉淀尤其依赖。

第一节　游戏和游戏引擎

一、什么是游戏

　　这里所说的游戏，不是指现实生活中的娱乐消遣活动，而是特指虚拟游戏程序。在英文中，游戏作为名词时一般使用game（游戏），而作为动词时则使用play（玩），游戏开发商往往会使用game（游戏）一词。游戏既满足人愉悦身心的需要，也满足人发展身心的需要。例如《反恐精英》游戏，玩家使用鼠标和键盘等工具指挥角色与恐怖分子在各种场景中进行枪战，最终使角色完成反恐任务，从而产生一种成就感（图1-1）。

　　在虚拟的游戏世界中，游戏手柄（图1-2）或者键盘等是其主要操作工具。

图1-1 《反恐精英》画面

1-1

1-2

图 1-2　形形色色的游戏手柄

二、什么是游戏引擎

游戏引擎（engine），就是用于控制所有游戏功能的主程序，一些可以重复利用的源代码，包括游戏中的物理碰撞、角色运动、粒子特效、物体的移动、接收玩家的信息输入等。

游戏玩家所体验到的游戏关卡、游戏剧情、音乐效果、操作方式等内容都是由游戏引擎决定的，它把游戏中的所有元素编程在一起，在后台指挥它们有序地工作，完成每一个关卡或者任务。无论是角色扮演游戏、即时策略游戏、冒险解谜游戏或是动作射击游戏，哪怕是一个只有 1 兆的小游戏，都由这样一段原始代码控制。经过不断的进化，如今的游戏引擎已经发展为一套由多个子系统共同构成的复杂程序。特别是三维游戏，从造型、贴图、动画到光影效果，从游戏检测、文件管理、服务标准、网络特性到编辑工具等，几乎涵盖了开发过程中的所有重要环节，游戏引擎到了今天已经越来越趋向智能化。

例如《二战英雄》的游戏引擎，支持天气变化的效果以及真实日夜循环的更迭，这就意味着你在任务中将会遇到各种各样的情况，如风雪、雨天、大雾等，这些都会对你的作战有影响，当你执行任务的时候，游戏中的坦克会利用火力压制你的行动，然后慢慢把你藏身的地方轰炸为平地，或者是让步兵从侧翼包抄，完全实现了客观真实的战斗场面（图 1-3）。

游戏引擎有以下几点作用值得注意。

首先是光影效果，即场景中的光源对处于其中的人和物的影响方式。游戏的光影效果完全是由引擎控制的，并不是在三维软件中直接渲染好的。仔细看看就不难发现，游戏的人和物投影都是一个方向的，折射、反射等

图 1-3 《二战英雄》士兵训练画面

1-3

基本的光学原理以及动态光源、彩色光源等高级效果都是通过引擎的不同编程技术实现的。

其次是动画。目前游戏所采用的动画系统可以分为两种：骨骼动画系统和模型动画系统。内置的骨骼动画系统带动物体产生运动（一般使用三维软件来实现，并且动作必须是一个完整的循环动作）比较常见，这可以使物体的运动遵循固定的规律，例如，当角色跳起的时候，系统内定的重力值将决定角色能跳多高，下落的速度有多快等；模型动画系统则是在模型的基础上直接进行变形或者直接做运动（例如坦克、飞机的运动等）。把这两种动画系统预先植入游戏，通过编写程序使游戏达到真实的娱乐效果。例如子弹的飞行轨迹、车辆的颠簸方式也都是由物理系统决定的。碰撞探测是物理系统的核心部分，它可以探测游戏中各物体的物理边缘。当两个三维物体撞在一起的时候，这种技术可以防止它们相互穿过，这就可确保当你撞在墙上的时候，不会穿墙而过，也不会把墙撞倒，因为碰撞探测会根据你和墙之间的特性确定两者的位置和相互的作用关系。

渲染是引擎最重要的功能之一。当三维模型制作完毕之后，美工会按照不同的面把材质贴图赋予模型，这相当于为骨骼蒙上皮肤，最后再通过渲染引擎把模型、动画、光影、特效等所有效果计算出来并展示在屏幕上。渲染引擎在引擎的所有部件当中是最复杂的，它的强大与否直接决定着最终的输出质量。

游戏引擎还有一个重要的职责就是负责玩家与计算机之间的交互，处理来自键盘、鼠标、摇杆和其他外设的信号。如果游戏支持联网特性，网络代码也会被集成在引擎中，用于管理客户端与服务器之间的通信。

综上所述，引擎好比游戏的框架，框架搭建好后，关卡设计师、建模师、动画师只要往里填充内容就可以了。因此，在三维游戏的开发过程中，引擎的制作往往会占用非常多的时间，很多游戏的开发时间长达 4 年之久。因此，不少开发商出于缩短周期、节约成本和降低风险的考虑，开始倾向于使用第三方的现成引擎制作自己的游戏。采取什么样的引擎开发方式，要取决于游戏开发商的实力。例如暴雪公司，1998 年凭借《Starcraft（星际争霸）》掀起了一场前所未有的网络游戏大战，创造了游戏产业的一个神话。暴雪公司在商业上的成功离不开其雄厚的游戏引擎开发实力。（图 1-4）

第二节 游戏的特点

一、游戏具有娱乐性

计算机游戏分为网络游戏和单机游戏两个大类。需要连接网络才能运行的游戏被称为网络游戏；而不必连入网络就可以运行的游戏就是单机游戏。游戏是基于人的想象和科学技术制作出来的，是一种虚拟的娱乐方式。取乐是人类的本性，从百岁老人，到啼哭的婴儿，都有各自游戏的方式。自从人类文明诞生之初，就出现了游戏规则和专门设计的游戏设备，在各种特定的场合，使用特定的规则来进行游戏娱乐。在游戏的过程中，游戏设备的不断发展变化丰富着我们的生活。

一款游戏让人感觉到好玩，那是因为玩家获得了精神上的愉悦。游戏的娱乐性最符合幼儿的年龄特征，因为最能发挥幼儿活动的创造力、主动性和好奇心。幼儿出于自己的兴趣和愿望参加游戏，在游戏中表现得积极主动，因为对于孩子来说，没有兴趣的游戏，就不是真正的游戏了，这是孩子的本性决定的。角色游戏是幼儿通过扮演、运用想象来创造性地反映个人生活印象的一种游戏。它通常都有一定的主题，如老鹰捉小鸡等。角色游戏是幼儿期最典型、最有特色的一种游戏，虽然虚拟的互动游戏和幼儿在现实中玩耍的游戏有所不同，但是为孩子准备的、容易操作的电子益智游戏为孩子们的玩耍开辟了另一个崭新的天地。例如《奇幻旋转世界》这款游戏，玩法非常简单，只要利用鼠标移动，让游戏中圆形的画面往顺时针方向或逆时针方向转动即可，是一款适合幼儿的益智游戏（图 1-5）。

1-4

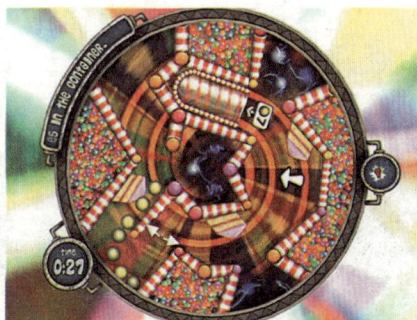

1-5

图 1-4 《Starcraft(星际争霸）》
截屏
图 1-5 益智游戏《奇幻旋转世界》
截屏

游戏中不管是音乐或是画面设计，都带有吸引人的娱乐气息，而且游戏中的关卡设计丰富多变，吸引玩家逐步沉浸在游戏之中，给人不一样的娱乐感受。其实我们这里所描述的游戏，更多的是成人娱乐游戏。成人游戏通常采用图形技术，更能够充分显现全三维游戏的特点。通过对画面视角的自由旋转，可以让玩家感受到炫酷的三维视觉效果，同时游戏还通过各种丰富多样的游戏场景和任务，提供给玩家一个亦真亦幻的虚拟舞台。

二、游戏具有虚拟性

虚拟性使游戏具有了无穷的诱惑力。在设计游戏规则的同时，必须要考虑其虚拟的一面。对于玩家来说，有虚幻就有悬念，就有诱惑，就想去体验。因此，游戏的娱乐功能就得到了实现。例如，虚幻的英雄就是在普通人中间有超常能力的人，能够做出具有伟大意义的事情。游戏玩家都置身于一个虚幻的环境中，既可以充当指挥官，也可以充当战士；既可以控制千军万马，也可以独立执行任务。一局游戏胜利后，无论玩家扮演什么角色——警察、赛车手、飞行员、市民等，都可以满足每一个游戏者的英雄主义幻想和荣耀的感觉，把自己置身于游戏所构建的虚拟环境中，不然，游戏将失去它的诱惑力。

例如乌克兰开发小组 Best Way 所开发的《二战英雄》(*Soldiers : the heros of WW II*)，最吸引人的就是虚拟战斗带给玩家的真实感受，尤其是战车射击的感觉相当逼真。《二战英雄》融合了多款游戏的特点，其画面的精美程度已超越了《突袭》，这主要是因为其三维场景的运用，三维的虚拟技术在这里发挥了很重要的作用。无论是坦克还是火炮，都可以从任何一个角度实施 360° 虚拟攻击（图1-6）。

图1-6 《二战英雄》中的三维坦克多角度画面

1-7

在《二战英雄》中，炮弹爆炸的虚拟效果，包括炮弹爆炸后的弹片、泥土都被制作得细腻而真实。车辆在被不同武器击中后，都有不同效果的真实再现。除了动画的真实性外，还具有声音、动力学特效等，也增加了这款游戏的真实程度。战斗中，士兵紧张时还会说些很有意思的话。被击毁的坦克模型上，甚至可以看到被穿甲弹击穿的破洞。有时损毁的战车过一段时间还会发生自燃。全部可摧毁的房屋和树丛模型，在游戏中也有实际的用处，例如树丛可起到隐蔽的作用。在联机模式特别是多人合作模式中，当参与者看见队友们都拿着缴获的武器装备，开着敌人撤退时留下的战车时，仿佛玩家本人真的成为"二战"中的一名战士，油然而生一种英雄的自豪感。（图 1-7）

虽然游戏是虚幻的，但游戏创作素材的积累来源于生活。从游戏情景的设置、游戏角色的确定，再到日常生活和活动中对自己和周围事物的认定，游戏中同样蕴涵着浓郁的文化气息。虚拟游戏不同的制作背景和文化意识形态，以及一款游戏与另一款游戏的不同之处，构成了虚拟游戏的不同风格。

三、游戏具有参与性

参与，就是以一种虚拟的身份加入计算机游戏的互动中。一个最成功的例子就是那个叫 CALLUS 的 CAPCOM 街机模拟器，它将一些 CAPCOM 的成名大作 100% 地搬上了计算机屏幕，《三国 2 命运之交战》、《街头霸王 2》这些昔日令我们着迷的街机游戏现在竟然可以稳坐家中，独自参与了。可参与的网络游戏是利用 TCP/IP，以 Internet 为载体，可以多

图 1-8 《暗黑之门》截屏

1-8

人同时参与的游戏项目。网络参与游戏有两种存在形式：第一种是必须连接到互联网才能参与，这种形式的游戏，有一些需要下载相关软件到客户端，有的则不需要；第二种则必须在客户端安装软件，此软件使游戏既可以通过互联网同其他人联机一起操作，也可以脱网单机操作。

　　例如，你在参与一款"杀人游戏"，是一个多人参与的，较量口才和分析判断能力的游戏。当然，心理素质在中间也起着很关键的作用。游戏通常分为两大阵营，好人方和杀手方，好人方以投票为手段，"杀死"杀手获取最后胜利。这种游戏可以锻炼团队精神、活跃团体气氛、增进团队成员的感情交流、提高凝聚力。此外，游戏的参与性还体现在游戏自身的诱惑力上，例如游戏中玩家输入自己的生日后，会获取自己在游戏中的幸运日，在幸运日当天玩家将会获得很多额外的奖励。诸如此类的功能还有很多。

　　网络游戏力图拥有真实社会中一切可以虚拟的元素，使得网络游戏本身所涵盖的内容日益广泛，这就给游戏的创意思路带来了发展空间。对于网络游戏这种集社会文化和现代科技于一体的特殊娱乐方式来说，随着社会文化和科技的发展，玩家的参与体验也得到了极大的加强，例如图 1-8 所示《暗黑之门》游戏。

第三节　游戏的分类

一、益智类游戏

益智类游戏随处可见，我们的家用计算机上，游戏学习机上，手机或其他电子产品上，一般都会安装简单的小型益智类游戏。这种游戏规则简

1-9

1-10

图 1-9　形形色色的益智类游戏
图 1-10　《连连看》益智游戏

单易学，玩家在很短的时间内就可以轻松上手。画面一般以鲜艳可爱的风格为主，例如空心接龙、挖地雷、斗地主等。大富翁、泡泡龙、连连看等益智类游戏也是近年来比较常见的。当今社会，人们普遍感到工作压力大，心情需要放松，因此各种电子设备上都集成了益智类游戏，成为人们时尚的消遣方式（图 1-9、图 1-10）。

二、运动类游戏

运动类游戏提供了一个类似现实（指正常的运动方式及运动精神）的运动项目，让玩家借助控制和管理游戏中的运动员或队伍来进行运动项目的比赛。它可以涵盖技能、技术、管理三个层次。在技能方面，单纯地模拟某项运动，比如滑雪。在技术方面，例如足球的团队配合和排兵布阵的

1-11

1-12

图 1-11 《拳皇》截屏
图 1-12 《AND 1 街头篮球》画面

方式。在管理方面，包括俱乐部的管理和球员的培训。现在这类游戏动作设计，一般都是请专业运动员使用动作捕捉设备完成的。运动类游戏题材中，足球、田径、拳击等比较常见，例如《拳皇》（图 1-11）。

2006 年，法国的知名软件厂商育碧宣布，与知名体育品牌 "AND 1" 联手推出一款以 AND 1 命名的篮球运动游戏，叫做《AND 1 街头篮球》。这款游戏与 EA 的同类游戏《NBA 街头篮球》不同，没有采用大量的 NBA 球星作为卖点，而是收录了著名街头篮球赛事 "AND 1 Mix Tape Tour" 中的全部球员，所有人物的形象以及招牌动作全部为真实再现（图 1-12）。

三、驾驶类游戏

模拟驾驶类游戏通过模拟现实中的交通工具，可以真实地再现玩家

1-13

图 1-13 模拟驾驶类游戏

的驾驶水平。游戏中的交通工具可能是汽车、摩托车、轮船或者飞机等。最有意思的是，在一些模拟驾驶类游戏中，驾驶员如果违章驾驶，会受到警察的罚款，甚至受到追捕，使驾驶者格外小心，增加了游戏的趣味性。在这类游戏中，《夜晚驾驶者》是最早模拟驾驶的游戏。而著名的赛车游戏《极品飞车》，则是一款不错的三维游戏。驾驶飞车的挑战超乎我们的想象，使玩家真正体验到了作为赛车选手的乐趣（图 1-13）。

四、冒险类角色游戏

冒险类角色游戏主要是以探索充满悬念、惊险的虚幻世界为主题，以破解和揭示游戏秘密为目的。冒险类角色游戏比较注重每个关卡的破解过程。冒险类角色游戏视觉效果好，故事情节往往比较恐怖惊险。例如《神秘岛》，开创了冒险角色游戏的新纪元。冒险类角色游戏加上动作效果，使得这种游戏更具有挑战性，也可以称之为动作冒险类游戏。在三维世界中，复杂的地形、昏暗的灯光、逼真的纹理效果，都为第一人称的角色冒险类游戏营造了氛围。

角色扮演指的是参与者根据要求和自己的理解，扮演现实生活中的一个角色形象（如军人、医生、学生等），将该角色的个性特征、思想观念以及在某些事件和关系中可能采取的行为突出地表现出来。冒险类角色游戏可以激发参与者的情感，而情感对于参与者的智力发展和行为矫正都有非常重要的作用。冒险类角色游戏的主要目的，是使参与者从不同的角度体验真实的情境，在认知和情感上产生冲突，形成新的、更高层次的认识。游戏玩家充当虚幻的主人公，来完成各项任务，从而获得游戏体验。冒险类角色游戏的最大长处是实效性，可以促使参与者换位思考，身临其境地理解游戏角色的处境，与角色产生共鸣，以便及时地做出反应，或者继续战斗，或者躲避、逃脱等。《古墓丽影》就是这样一款流行的冒险类角色游戏（图1-14）。

五、即时战略类游戏

当游戏发展到战略类与即时类相结合的时候，则出现一个新的游戏种类——即时战略类游戏。它是截至目前，电子游戏史上对玩家自身素质要求最高的一类游戏。1993年由Interplay发行的《沙丘2》是即时战略类游戏的开山鼻祖，游戏中的战略，也可以理解成大局势作战游戏，就是在战略比赛过程中，玩家要从大局出发，来最终获得胜利。宏观的发展方向是很重要的一个环节，即时战略有一个大体的思想。中国兵法讲究三十六计，游戏玩家讲究战略攻关。在游戏中，战略思想是千变万化的，战争环境也变幻莫测，因此游戏的战略一般都是分步骤进行的。例如《魔兽》里面的战略部署可以分暴兵战略、发展经济战略和攀升科技战略等环节进行，其中暴兵克制发展经济，发展经济克制攀升科技，而攀升科技又克制暴兵。例如《帝国时代》就是一款具有古今发展计时的战略类游戏（图1-15）。

不同的战略互相克制，使用正确的战略能使自己在游戏中获得极大的优势和主动。但决定用什么战略，与其说是靠自己决定的，还不如说是由敌人决定的。所以选择战略的依据就是侦察，通过侦察了解对手的战略意图，然后找出相克制的战略方法，所谓知己知彼，百战不殆。这样，提升战略修养就是要练好侦察和提高分析情况的能力。具有这个特点的游戏很多，例如《红色警戒》系列游戏都具有侦察的战略特点，其不同的版本都具有不同的游戏战略特色（图1-16、图1-17）。

图1-14　《古墓丽影》中的劳拉角色

1-14

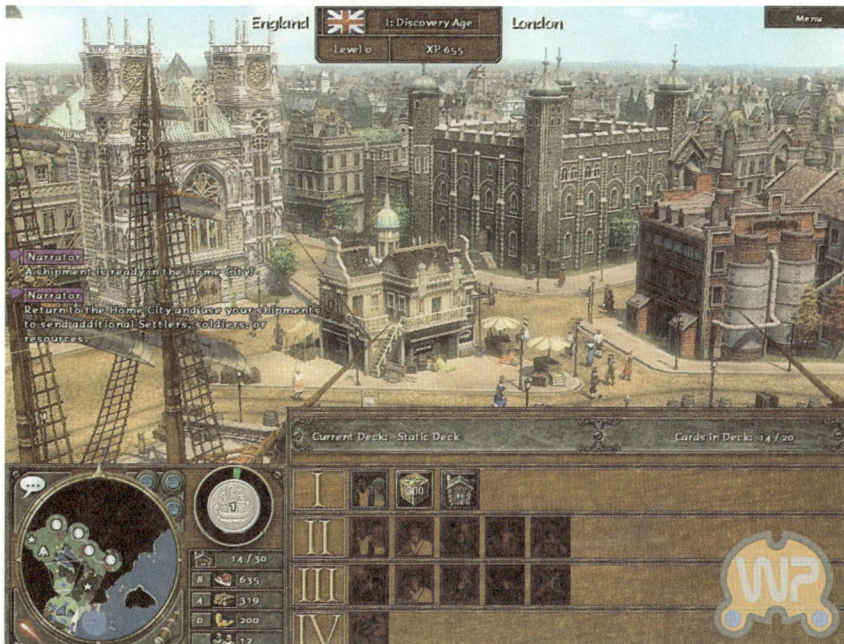

1-15

1-16

1-17

图 1-15 《帝国时代》热兵器形
成期
图 1-16 《红色警戒 2》战争画面
图 1-17 《红色警戒 3》画面

第四节　游戏分辨率的设置

图像分辨率是单位面积中构成图像的点的个数，每个像素都有不同的颜色值。单位面积内的像素越多，分辨率越高，图像的效果就越好。位图图像的分辨率，通常以 DPI 为单位，即每英寸的点（Dot per inch），也就是每英寸的像素数量。像素也被用来表示图像的长度和宽度，例如计算机屏幕显示的 640×480 像素、1024×768 像素等。像素数值越小，图像的面积也越小，相应地其容量也越小。

标准的游戏一般有多种分辨率可供选择，既能显示 640×480 个像素，也能支持 800×600、1024×768，甚至 1600×1200 的分辨率。当你的电脑的分辨率设置得很高时，在同样大小的屏幕上就显示了更多的像素，由于我们的显示器大小是不会变的，所以每个像素都变小了，整个图形也随着变小，但是同一屏幕上显示的内容却大大增多了。虽然说做 PC 游戏不用考虑 NTSC 制式与 PAL 视频制式问题，但要考虑分辨率设置的层级，诸如从 800×600 到 1600×1200 等不同的级别。计划时要保证图形用户界面（特别是前端显示）在低分辨率下具有识别性与连贯性，在高分辨率下具有清晰性和稳定性。

在电视工业中，分辨率分为水平分辨率和垂直分辨率，在大多数情况下两者是相等的，因此在技术指标中一般仅给出水平分辨率，简称为"线"，即电视扫描线，这种分辨率是以人眼的感觉为标准的。按亚洲国家现行的电视标准，电视分辨率比为 4：3，扫描行数为 625 行，有效扫描行数是 576 行，也就是相应的有效像素为 768×576 或者 720×576，因此 768×576（720×576）是电视图像与数字图像相互转换的标准，一般制作电制专题片或者电视剧都要符合这个标准。但是随着电视技术的发展，高清电视开始支持高清晰度信号。在图形图像制作中也存在分辨率的问题，印刷图像分辨率不能低于 300DPI，三维渲染分辨率不能低于 72DPI。

游戏分辨率在一定程度上跟显卡有直接关系，因为这些像素点的数据最初都要存储于显卡内，因此显存容量会影响到最大分辨率。以前的显卡的显存容量只具有 512KB、1MB、2MB 等极小容量时，就连 64MB 也已经被淘汰，主流的游戏级显卡已经是 128MB、256MB、512MB 或者更高，某些专业显卡甚至已经具有 1GB 以上的显存。在这样的情况下，显存容量早已经不再是影响最大分辨率的因素，之所以需要这么大容量的显存，就是因为现在的大型三维游戏和专业渲染需要临时存储更多的数据信息。你单凭肉眼看，在同等条件下 800 的确比 1024 密集，因为 800 分辨率比 1024

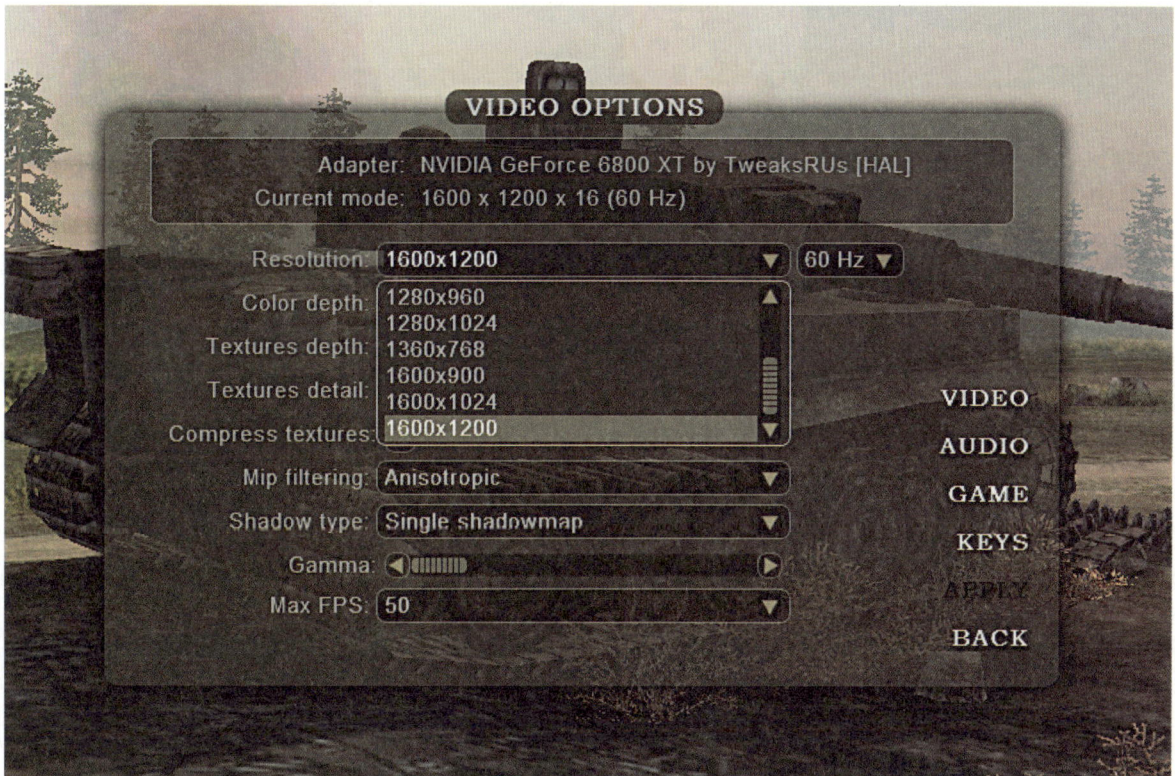

分辨率低，图像比较粗糙。在一款游戏中，游戏分辨率调得越高，游戏的视野越宽广，当然这要根据玩家情况而定，相对地游戏速度也越来越慢，随着运行的时间变长，占用的系统缓存也越来越多。例如 DELL760 图形工作站，3.2GHz 双志强的 CPU，显卡 2GB 显存，220GB 硬盘，玩一款三维战略性游戏可以刷新到 1600×1200 分辨率（图 1-18）。

图 1-18　游戏的最大分辨率设置

本章小结

通过本章的学习，我们初步了解了游戏和游戏引擎的基本概念、游戏的分类特点和相关知识，对游戏设计的周边知识有了宏观的了解，为读者学习游戏设计做好了认识上的铺垫。

思考和练习

1.什么是游戏引擎？

2.游戏的基本特点是什么？

3.游戏的分类有哪些？

第二章　游戏的多边形技术

第一节　多边形建模
第二节　多边形造型原理分析
第三节　卡通角色造型制作实例

第二章　游戏的多边形技术

无论你以后是从事游戏场景、角色动画设计，还是从事贴图、特技制作等工作，三维技术的应用可以说是涉猎 CG 艺术殿堂的开始。作为实现艺术构思的技术手段，三维技术应用将帮助你实现游戏制作的梦想。在目前市场上用来进行三维制作的工具中，Maya 是值得推荐的解决方案。

第一节　多边形建模

Maya 的造型部分主要有 Polygon（多边形）建模、NURBS（曲面的非均匀有理 B 样条）建模、Subdiv Surfaces（细分曲面）三种建模方式，在 Maya 中，针对多边形造型功能，系统提供了多边形造型的元素、编辑和设置纹理的多种工具。本章将详细介绍这些工具。在介绍之前，需要对多边形有一个较为全面的认识和了解，主要是它的构成元素及各元素的功能。通常情况下，多边形包括顶点（vertex）、面（faces）、边（edges）、法线（normals）和表面（surface）等要素。

一、多边形的定义

Polygon（多边形）指定义一系列的点创建不规则的物体造型和形状，每个多边形是由它的顶点来定义的，每个顶点都用三维坐标来测量，可以用缩放、旋转和移动改变顶点的位置（图 2-1）。

多边形建模当然和三维世界中的造型（modeling）有关系，那么什么是造型呢？造型就是指描绘三维世界对象的形状。造型本身就是基于建立

图 2-1　每个多边形是由它的顶点来定义的

形体结构，牵涉到形状和结构形体的转折，以达到预期的效果。三维世界中的坐标是用 xyz 来定义的，在模型上一个特定的点都被单位所定义，坐标系统的作用意指测量宽度、高度和深度，即用 xyz 轴表示。

多边形元素在不同的选择模式下的状态是有区别的，表 2-1 中列出了多边形元素的显示状态，可以比较一下它们的区别。

表 2-1　多边形元素的显示状态

多边形元素	不选择时的显示状态	选择时的显示状态	功能键
Vertex（顶点）	小紫色方块	黄色方块	F9
Edge（边）	亮蓝色的线	橘黄色的线	F10
Face（面）	中心带有蓝色点的闭合区域	橘黄色区域	F11
UV（纹理）	中等尺寸的紫色方块	亮绿色方块	F12

二、多边形的顶点

Vertex 在非激活的时候以小的紫色方块显示，在激活的时候以黄色方块显示。可以调节点的空间位移，可以决定多边形模型调节的最终结果。在做角色建模的时候可以调节 Vertex 的位置来控制模型的形状。一般地说由角色的结构来引导 Vertex 的方位，最终得到想要的造型。选择一个多边形 Box（盒子），通过调节顶点就可以做出一只多边形的脚（图 2-2、图 2-3）。

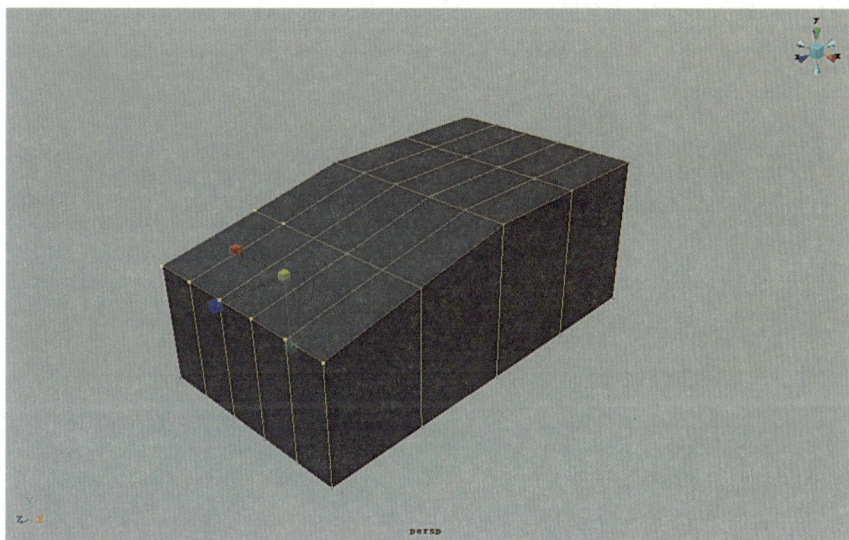

2-2

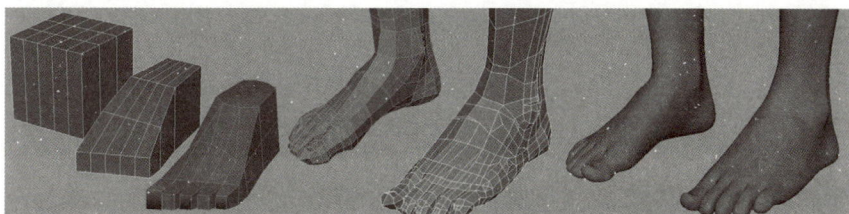

2-3

图 2-2　选择一个多边形的盒子
图 2-3　用盒子制作脚的图例

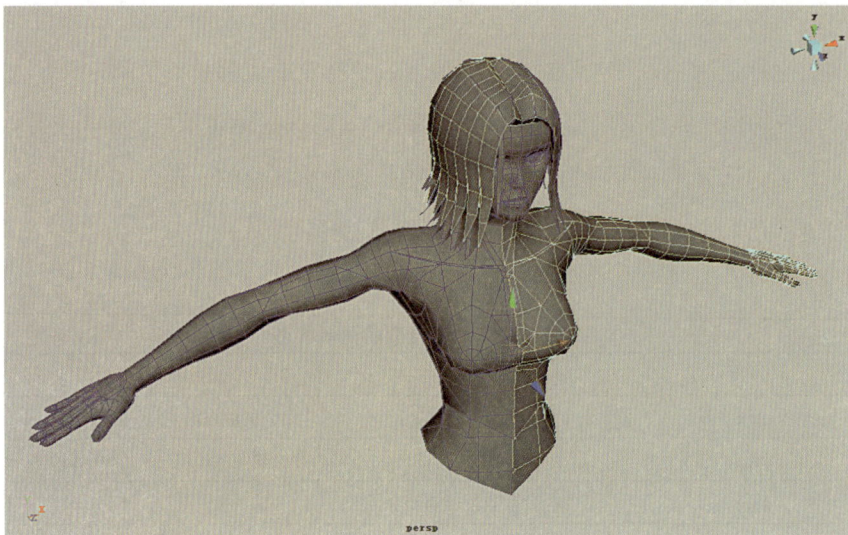

2-4

图 2-4　多边形的合并

三、多边形的边

多边形面上的一条边是由两个顶点组合成的，不选择的时候是亮蓝色的线，选择的时候是橘黄色的线。它由两个有序顶点定义而成，即边指的是两个顶点之间的一条直线。边可以组合成面。选择一条边可以进行旋转、缩放和删除等操作。当需要连接两个多边形曲面时，边就非常有用。例如，可以通过将相邻对称的顶点焊接，把人头模型进行合并。选择 Mesh（网格）→ Combine（合并）命令，然后选择 Edit Mesh（编辑网格）→ Merge（合并）命令，再选择附近的边，并调节它们之间的公差以创建一个闭合多边形曲面，这样一个完整的多边形通过边合并就完成了（图 2-4）。

四、多边形的面

面是建立模型物体的关键。多边形面指的是多个边形区域，不选择的时候一般显示为亮蓝色的线，选择的时候为橘黄色的线。一个多边形物体就是一组面，可以挤压和删除，当它闭合时，就形成一个实体。在默认情况下，一个面的中心有个点，可以在 Preferences（参数选择）中设置和关闭这个中心点。如果通过单击面中的任意地方来选中面进行操作，就可以在 Preferences 中进行设置。

操作步骤如下。

（1）选择 Windows（窗口）→ Settings（设置）→ Preferences（参数选择）命令。

（2）在 Preferences 对话框中，在左边的列表框中选择 Settings（设置）下的 Selection（造型），在 Polygon Selection 选项组中选择 Whole face（全部的面）单选按钮，这意味着面是可以直接单击的，这样编辑更方

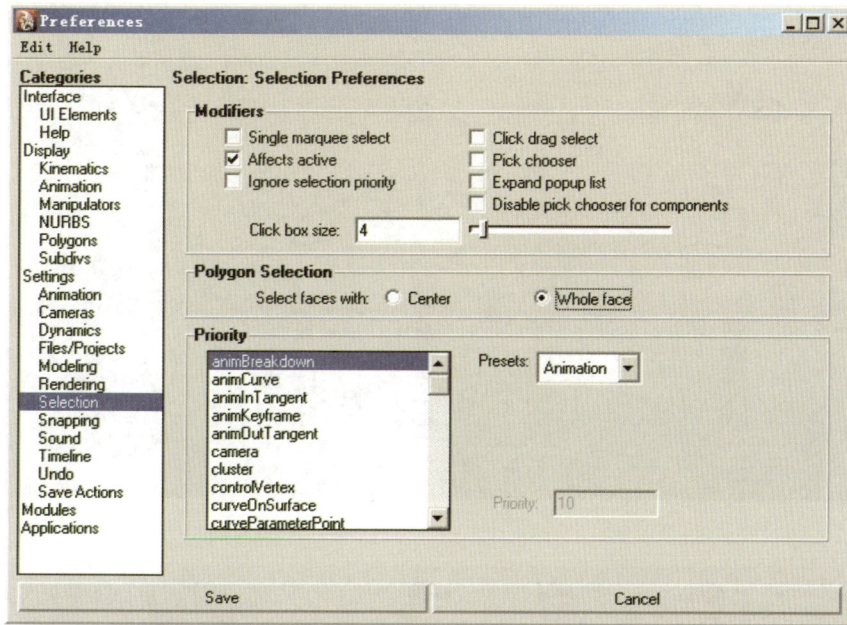

2-5

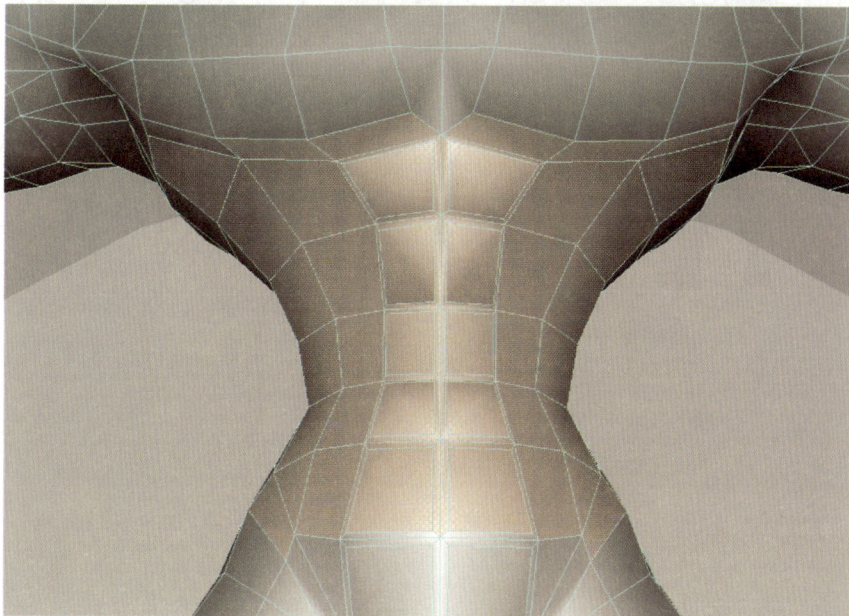

图 2-5 设置
图 2-6 只选择前面的面

2-6

便（图 2-5）。

（3）在制作游戏模型的时候，只选择前面的面，则后面的面就选不到了。现在选择一个模型进行测试（图 2-6）。

　　选择面，可以进行旋转、缩放和删除等操作。可以用不同的方式使用面来变换多边形物体。在默认情况下，要选择面，只需单击面中心的小方块即可，如果对面进行挤压，在 Polygon 模式下选择 Extrude（挤压）命令，在角色建模中是经常用的。例如做游戏角色可以考虑用 Polygon Cube 挤压拉出的方法，通过修改、移动、合并等操作调整模型结构，最终达到游戏造型效果（图 2-7、图 2-8）。

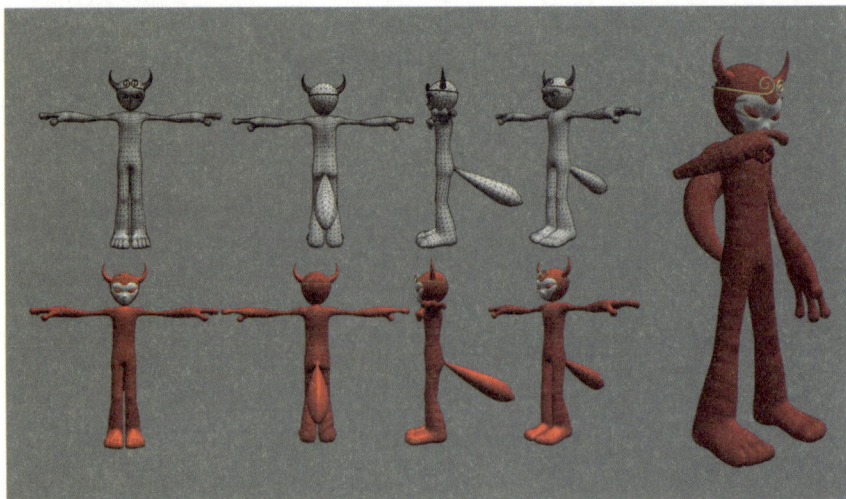

2-7

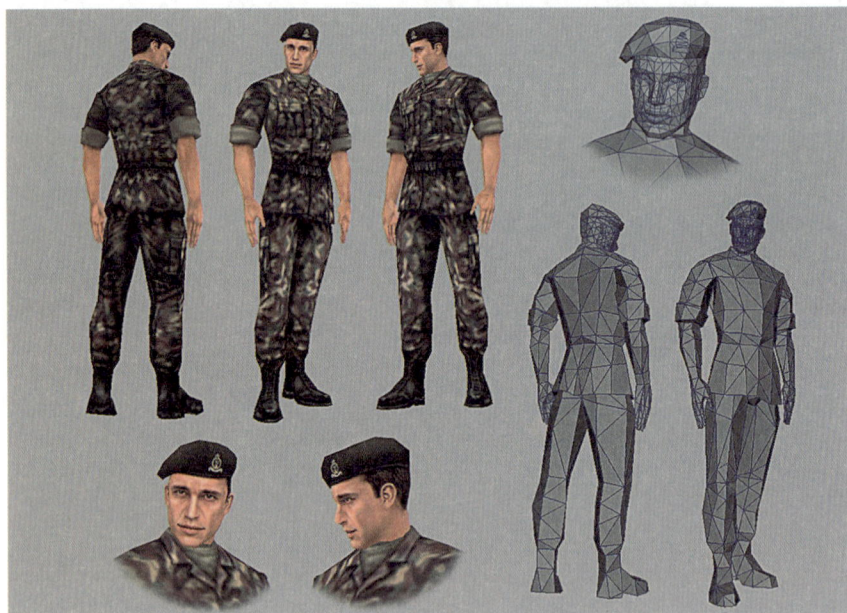

图 2-7 多边形游戏造型（1）
图 2-8 多边形游戏造型（2）

2-8

五、多边形面的法线

法线是具有方向的辅助线段，它总是垂直于多边形的面。顶点的顺序决定了多边形面的方向，方向可以用法线来指示。在三维几何形体中有两种常用的法线——面法线和顶点法线。

法线可以显示在面的中心、顶点，或同时显示在两者之上。法线也是可以翻转的。

操作步骤如下。

（1）选择 Windows（窗口）→ Settings（设置）→ Preferences（参数选择）命令，在 Preferences（参数）对话框中的 Polygons（多边形）类别中，选中 Faces 选项组中的 Normals（法线）复选框，即可在每次创建多边形模型时显示法线（图 2-9）。

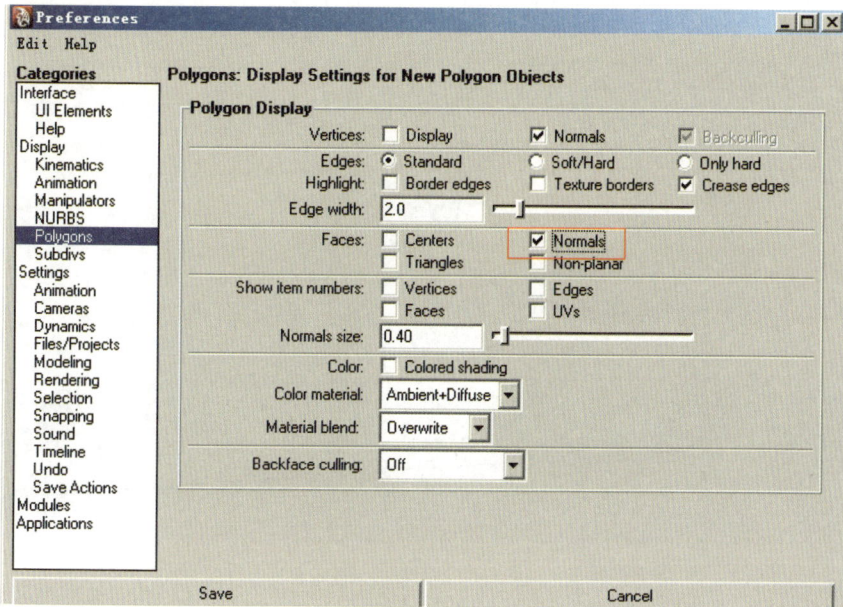

2-9

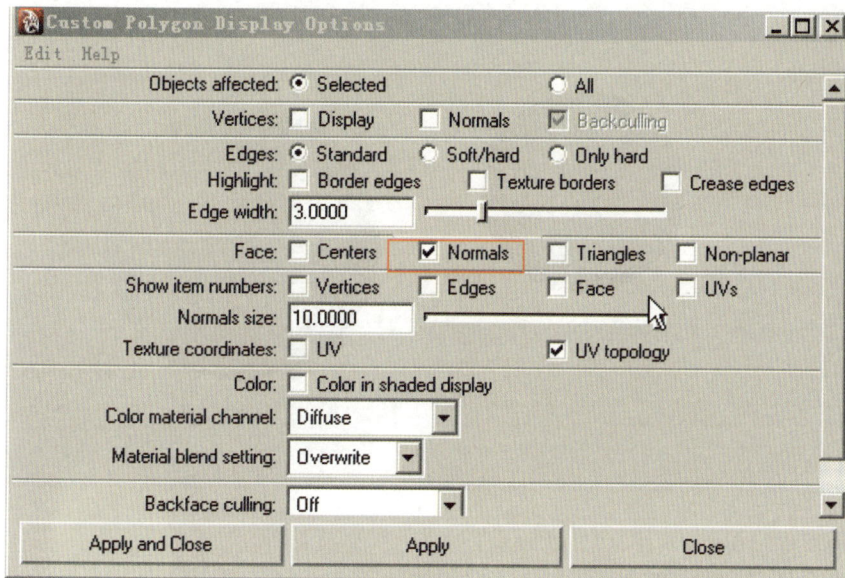

2-10

图 2-9　多边形显示法线
图 2-10　显示场景中的法线设置

（2）选择 Display（显示）→ Polygon（多边形）→ Custom Polygon Display（定义多边形显示）命令，在打开的面板中选中 Normals（法线）复选框，也可以显示场景中的法线，取消选中该复选框可以隐藏法线（图 2-10）。

（3）选择 Display（显示）→ Polygon（多边形）→ Normal size（面法线）命令，就可以调节法线的尺寸了，可以通过调节法线的尺寸观看大象面法线的长短（图 2-11）。

（4）在做造型的时候，如果在曲面上的相邻多边形有不同方向的法线，可能影响贴图,曲面的渲染效果很可能与预料的不符。在 Polygon（多边形）模式中，选择 Normals（法线）→ Reverse（翻转）命令，可以反转物体的法线（图 2-12）。

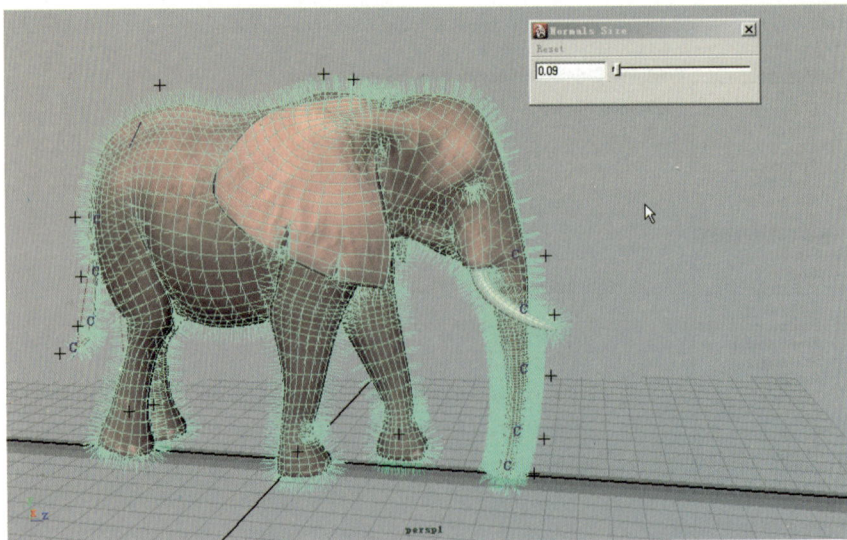

2-11

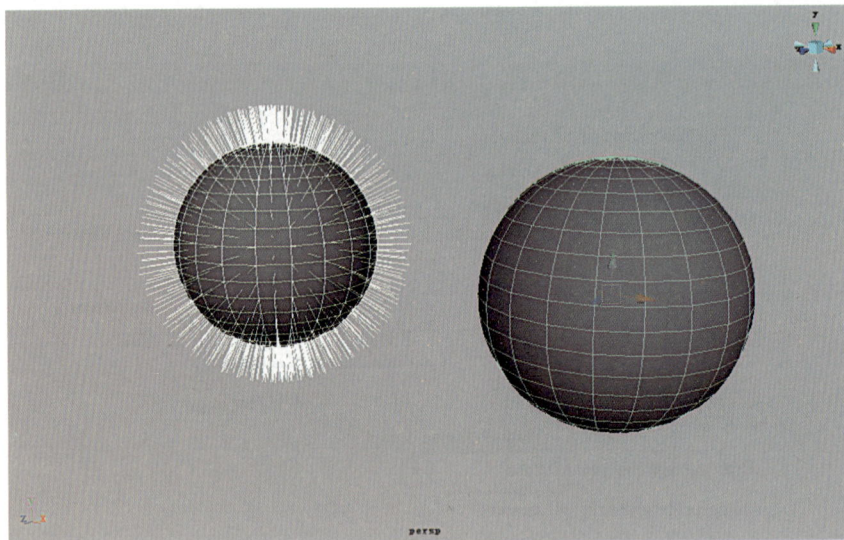

2-12

图 2-11　大象的法线长度
图 2-12　反转法线的方向

六、多边形 UV

UV 可以对纹理进行定位，多边形 UV 是多边形上的点，通过编辑 UV，来进行贴图的校正工作。UV 主要是指多边形里面的一个元素，同时又是确定二维纹理的坐标点的位置，它控制纹理在模型上的对应关系，对贴图起着关键的作用。这里的纹理主要是指二维的平面坐标下的纹理，模型上的每个 UV 点直接依附于模型上的每个顶点进行对位。可以使用 UV Texture Editor（UV 纹理编辑）窗口观看或排列已创建的 UV 点。选择物体，并使用任意的 UV 创建项目或编辑纹理效果（图 2-13、图 2-14）。

七、多边形几何体

Maya 软件已经提供了基本的造型物体，通过 Create（创建）→ Primitive（基本几何体）创建其他复杂物体的基础，很多模型也要从它们开始。有六

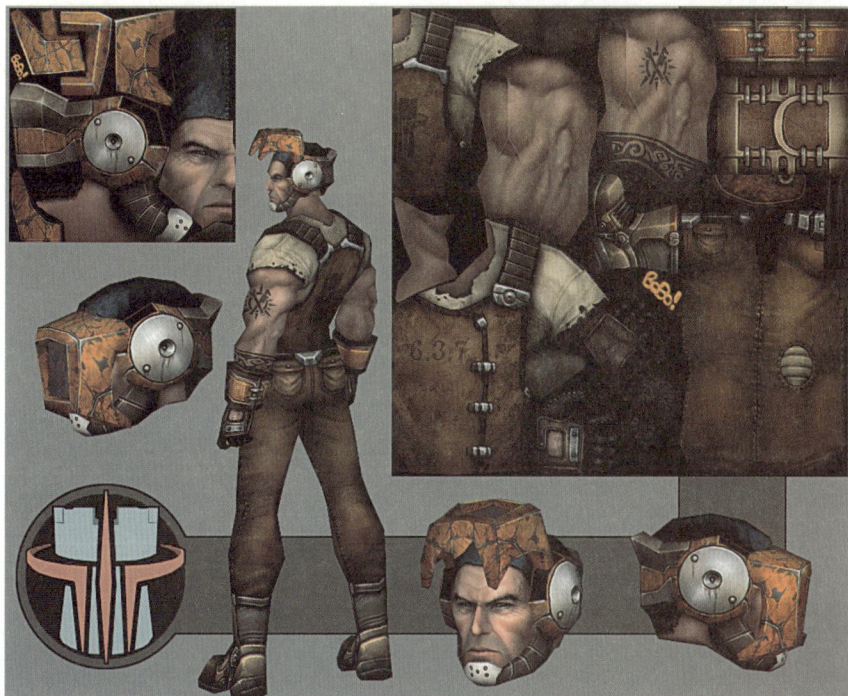

2-13

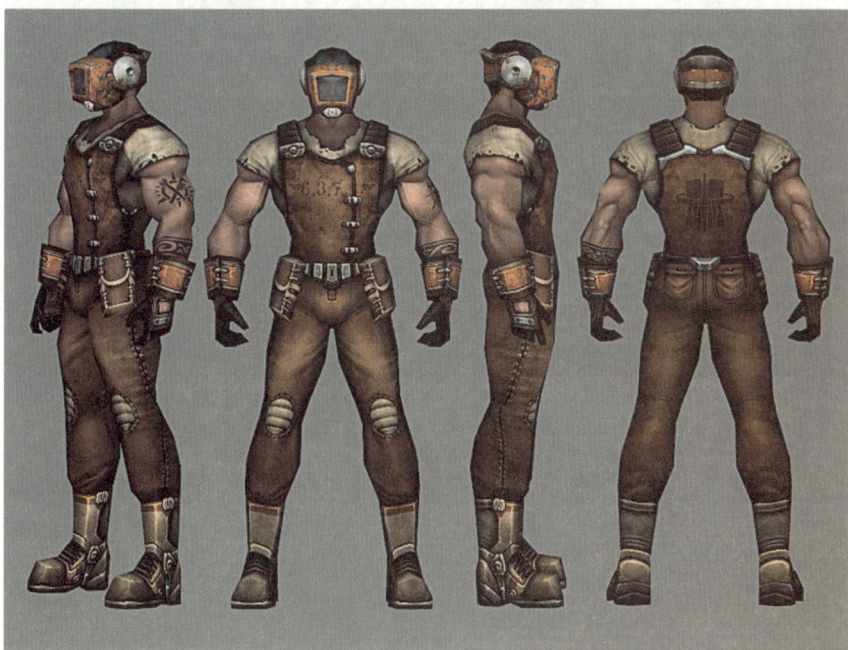

2-14

图2-13 游戏纹理贴图效果（1）
图2-14 游戏纹理贴图效果（2）

种多边形几何体，分别是 Sphere（球）、Cone（圆锥）、Cylinder（圆柱体）、Cube（立方体）、Plane（平面）和 Torus（圆环）（图2-15）。

　　无论哪个三维软件，原始物体是最基本的造型元素，大多数三维软件程序都提供了标准的原始形体造型，以方便用户使用。原始物体形体对于几乎任何模型都是可以使用的，因为它在大千世界中无所不在，它是基本造型的开始。基本造型元素对于三维建模是很重要的，从简单的原始形状出发是有很多优点的，从一个干净整洁的立体盒子开始，用来建造模型的

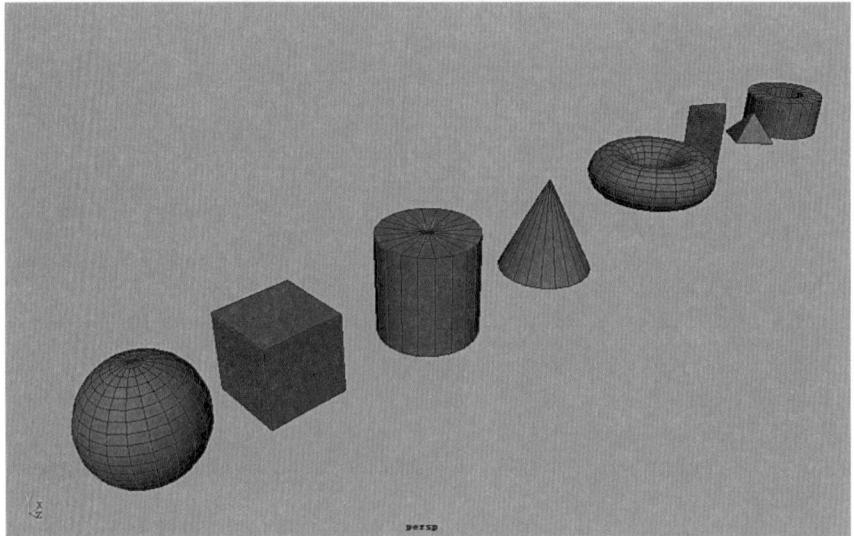

2-15

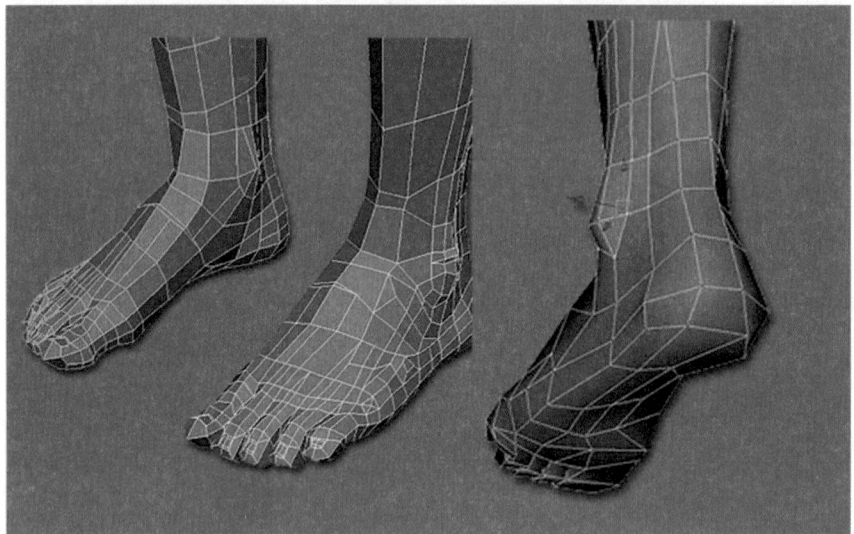

2-16

图 2-15　多边形几何体
图 2-16　角色造型

立体的框架，当你带着这种思想开始建模时，你会发现造型的思路尤其清
晰（图 2-16）。

　　创建简单的物体，从菜单中选择多边形几何体之后，创建的多边形将
在所有视图的网格原点处显示。如果要想在默认的选项设置下创建多边形
几何体，则选择 Create（创建）→ Polygon Primitives（多边行元素），并从
菜单中选择要创建的基本几何体。如果对创建的几何体不满意，还可以使
用 Channel Box（通道盒）或 Attribute Editor（属性编辑器）窗口编辑它们。
创建多边形几何体是建立模型拓扑的好方法。从一个盒子开始拓扑做一
个卡通角色是可行的，并且很方便。不要忘记左右要关联复制物体，结合
Split Polygon Tool（分离多边形工具）只要做到线段加得合理，做到结构关
系明确就可以了。一般是编辑移动顶点的位置，技术上没什么神秘的地方
（图 2-17）。

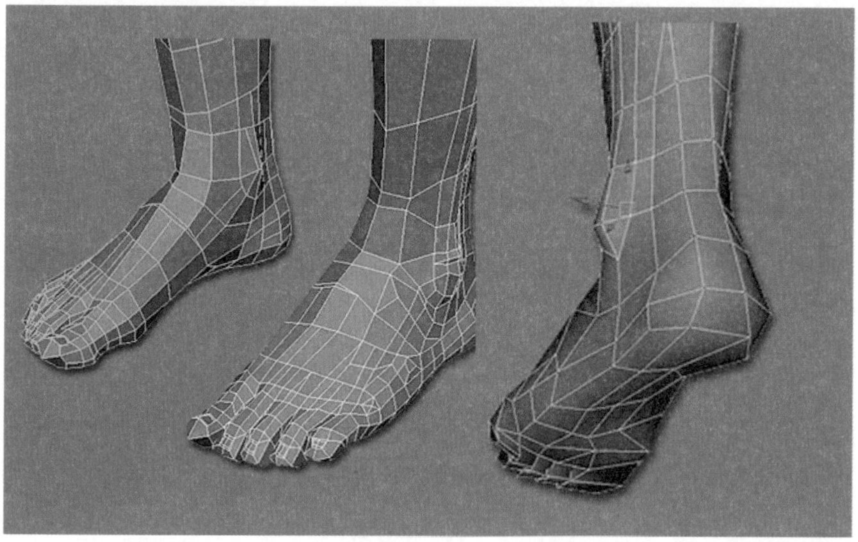

2-17

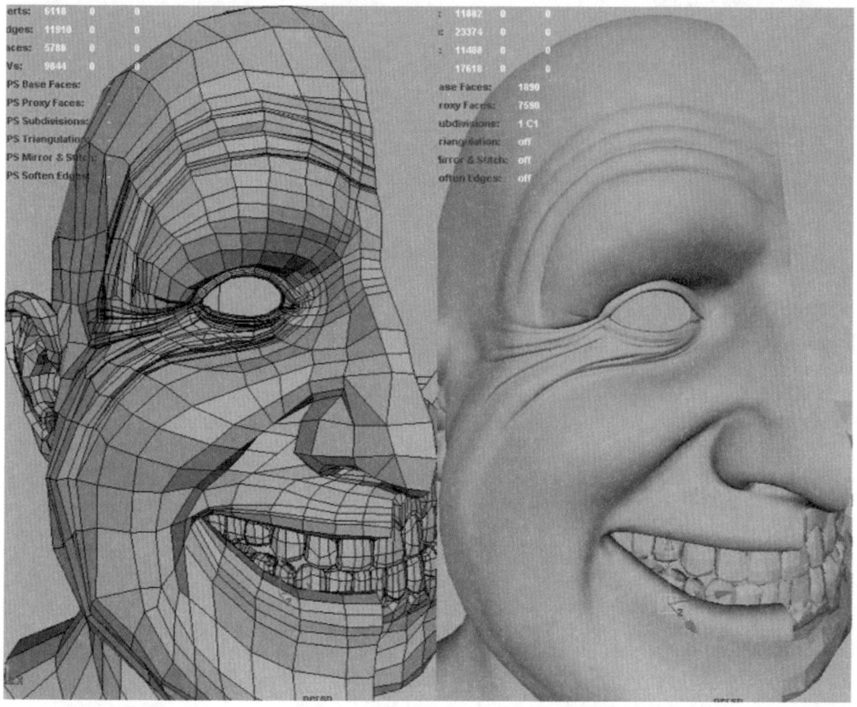

2-18

图 2-17　编辑移动顶点的位置
图 2-18　人头造型

　　多边形建模当然和三维世界中的造型有关系，那么什么是造型呢？造型就是指描绘三维世界对象的形状的作用，造型本身就是基于建立形体结构，涉及获取正确的形状和结构形体的转折，以达到预期的效果，游戏的角色造型要符合人体的比例、结构、布线的归纳等事项，这就要求游戏设计者具有扎实的造型基本功（图 2-18）。

　　多边形建模是一项便捷易学的技术，很快就可以满足游戏所使用的模型需求，做一个人体或者人体的某一部位，从一个简单的基本盒子开始，变换组件、挤压、调节顶点直到产生最终角色（图 2-19）。

　　多边形是游戏中最常用的类型，因为多边形在游戏设计中完全是由三

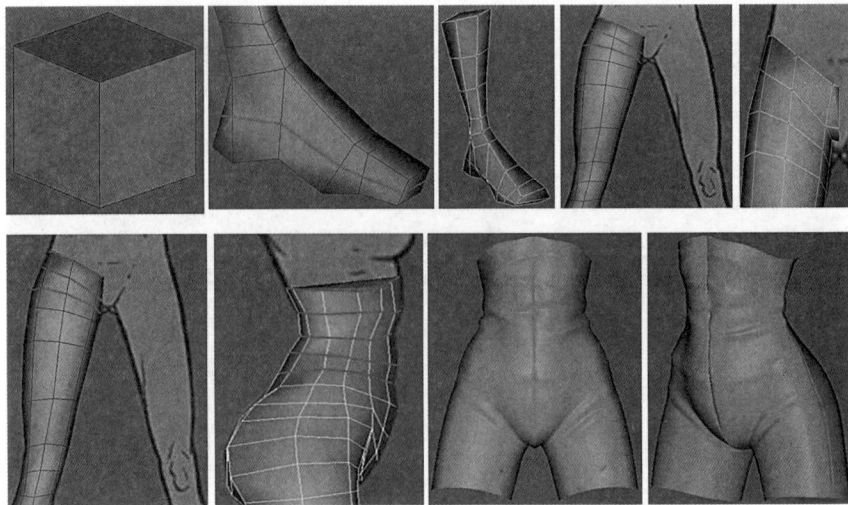

2-19

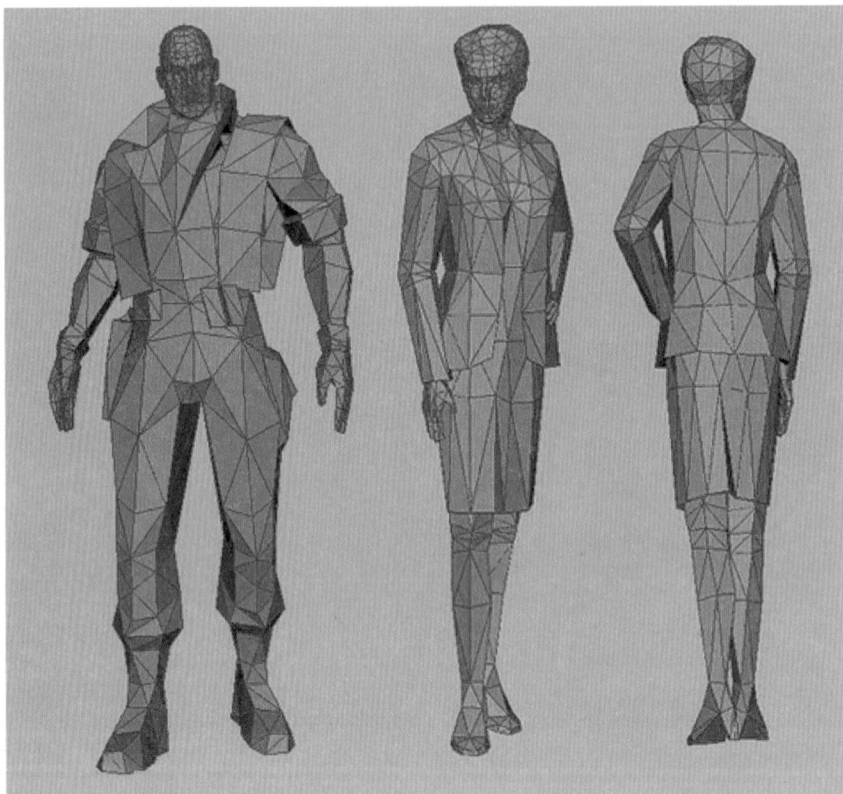

2-20

图 2-19 多边形建模
图 2-20 多边形模型

角形组成的。每个面或者多边形是由共享顶点的两个三角形所组成的。大多数的游戏软件工具都把面划分为具有共享的边的特性，这是为了保持几何形体简洁，这样便于在游戏中使用，三角形是多边形的特性（图 2-20）。

第二节 多边形造型原理分析

一、多边形面的数量

游戏的模型是简模，即简单模型，在造型的过程中，要始终注意多变

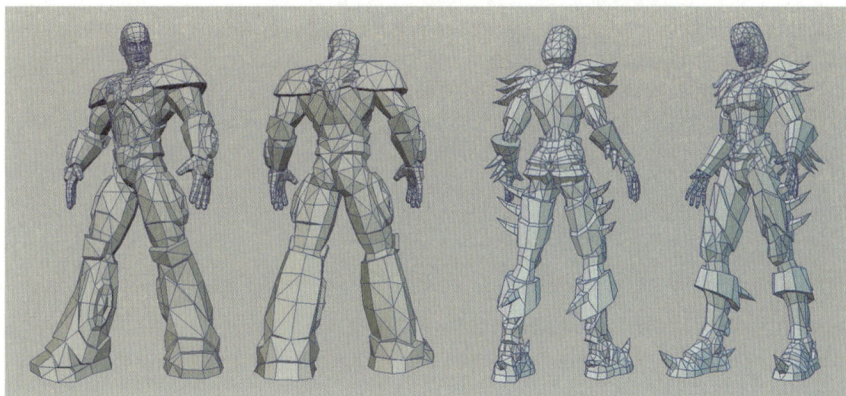

图 2-21　多边形面的显示数量
图 2-22　游戏基础模型

形的数量，因为这直接关系到模型的复杂程度，那么怎样观看多边形数量呢？打开一个多边形场景文件，选择 Display（显示）→ Poly Count（多边形数量）命令就可以查看面的多少了（图 2-21）。

　　一个优秀的设计师，在造型之前，会充分考虑如下问题：制作模型的时间是多长？制作模型的面大体能达到多少？空间环境的尺寸定义多大，用什么单位来制作？要分多少层次才可以完成？带着这些疑问来设计我们的模型，就会提高效率。要巧妙地选择和使用多边形，从而用实际的较低数量的多边形来达到外观上的逼真，一个游戏的优秀模型都使用了相对很少数量的多边形来概括完成。角色设计完成之后，首先要了解我们设计角色的结构关系，将要做好的模型做出一个大概的估计，以便提高制作效率（图 2-22）。

二、造型技法基础

　　看完这一节以后，看似很繁琐的软件将变得非常简单了。培养乐趣是很重要的，这里的造型专题部分，主要针对 Maya 建模的多边形和细分曲面角色建模的专业用户。通过学习基础知识，能够在较短的时间内对角色建模以及其他生物建模有深入而具体的认识，从而达到学习的目的（图 2-23）。

一般使用不同的多边形几何体和多边形工具来建立角色。创建一个默认的 Box，然后选择 Smooth（光滑）命令加以平滑，伸展人头后面下部的两块面片，创建脖子，移动前面下部的边，创建下颚。然后画出五官。通过切分适当区域的面片创建鼻子、眼睛和嘴，然后移动顶点，得到所期望的形状。在嘴部区域切分面片创建嘴，然后移动顶点。进一步修饰眼睛和脖子，大体结构完整后，进行 Smooth（光滑平滑）（图 2-24～图 2-26）。

角色建模的法宝 Split Polygon Tool（切分多边形工具）可以把一个多边形面片分割开，也可以使用该工具在一条边上插入顶点。常

图 2-23　Maya 多边形造型头像
图 2-24　几何体拓扑人头的步骤
图 2-25　几何体人头图例
图 2-26　五官造型图例

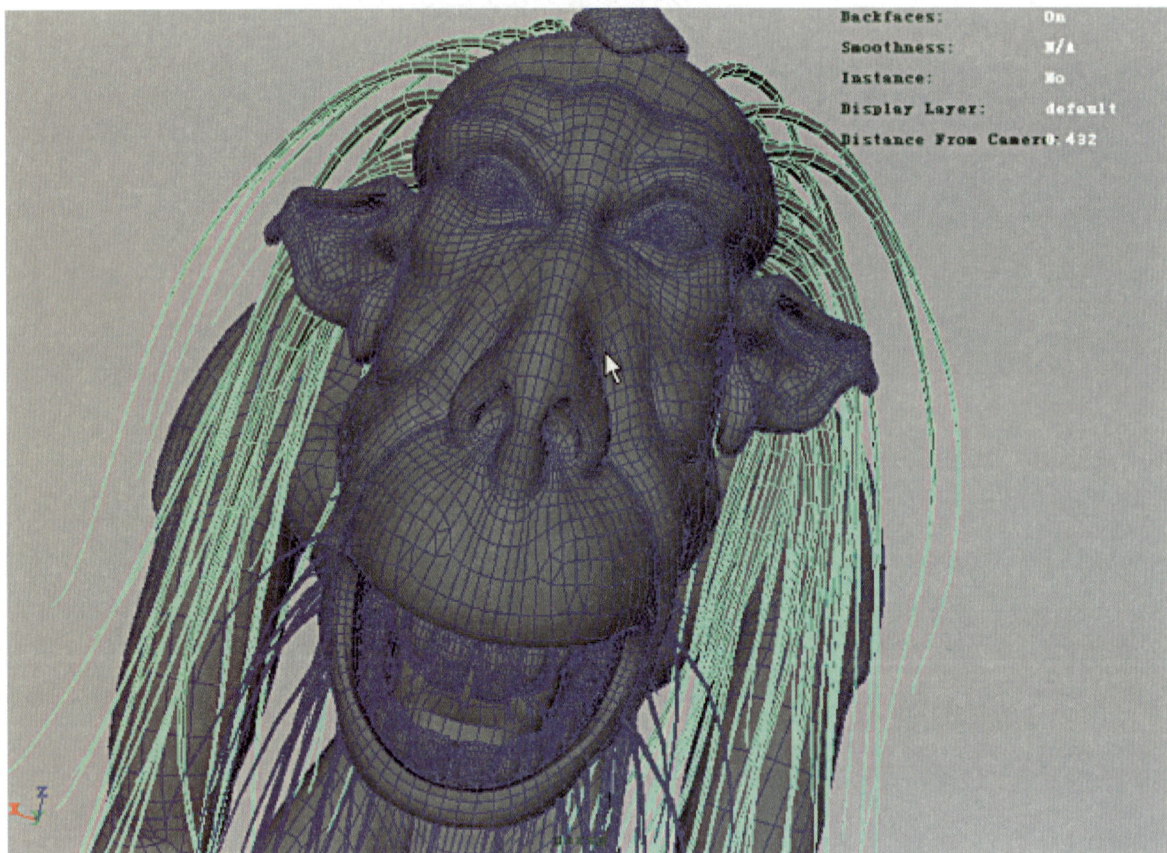

```
Backfaces:          On
Smoothness:         N/A
Instance:           No
Display Layer:      default
Distance From Camera: 0.432
```

2-23

2-24

Old Head
New Head
Old Head
New Head

2-25

Isolate : persp
PS Triangulation: off
PS Mirror & Stitch: off
PS Soften Edges: off

2-26

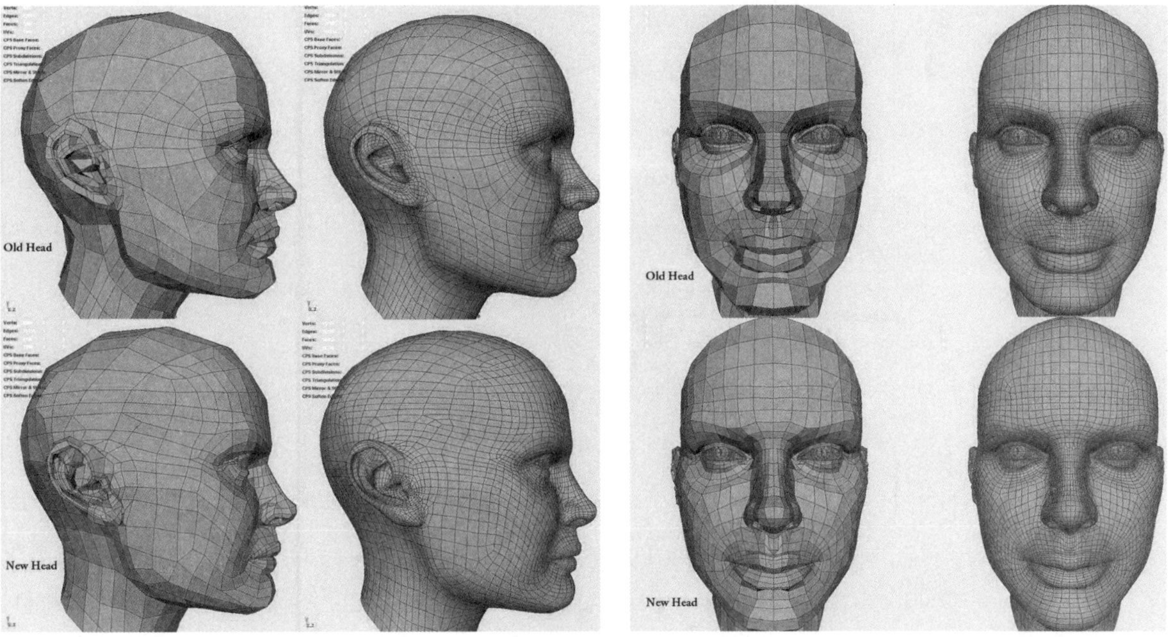

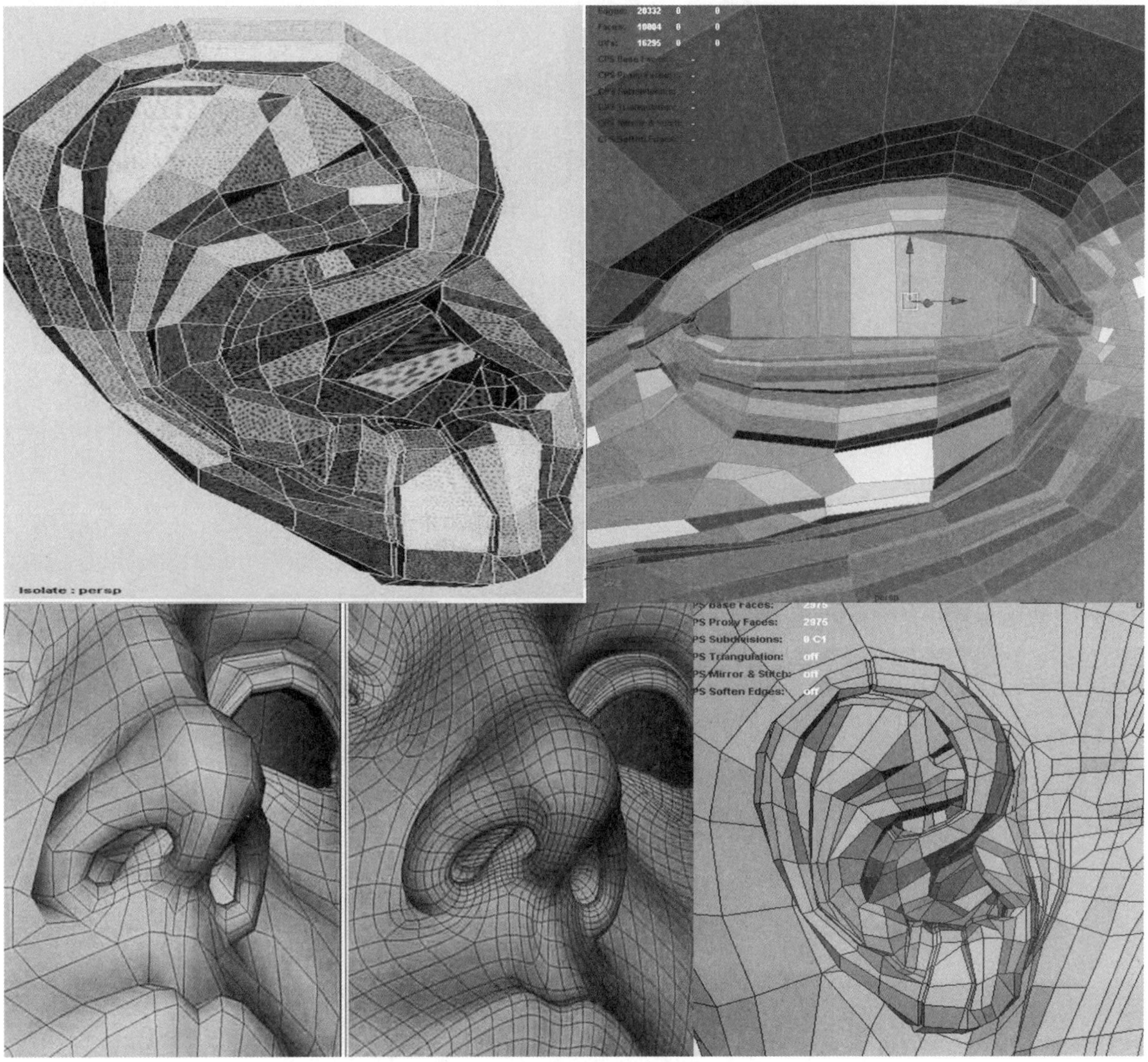

用 Split Polygon（切分多边形）工具把一个面一分为二，该面片可以用所希望的方式切割开，只要最后一个顶点结束在一条边上（图 2-27、图 2-28）。

通过 Split Polygon Tool 可以调整和添加多边形物体的边。用这个工具可以把一个盒子切开调整，根据人体的比例结构可以很轻松地做出人体的特征，思路如图 2-29，人体建模从一个立方体通过切分多边形工具这个工具细分，人体建模将变得异常简单。

手和脚也可以从一个立方体通过 Split Polygon Tool 细分，但是要注意手的结构变化（图 2-30、图 2-31）。

头的制作方法主要体现在布线上，如同绘画素描，要深刻体会人头的结构，利用 Split Polygon Tool 细分面调整加线制作，尽可能地概括。熟练掌握了人物的结构关系，技术将变得非常简单，人物的结构关系是很重要的。如图 2-32 所示的游戏模型，结构关系掌握得比较好。

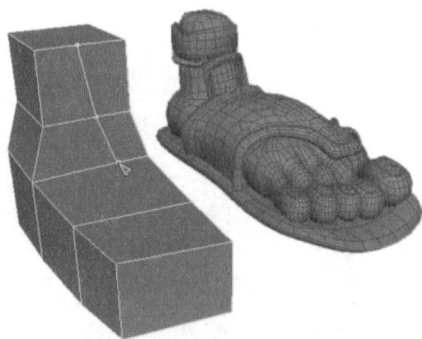 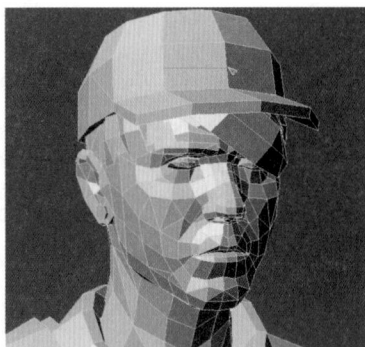

2-27   2-28

图 2-27　用 Split Polygon Tool
把一个多边形面片分割开
图 2-28　用 Split Polygon Tool
添加一条线
图 2-29　根据人体的比例结构做
出人体特征

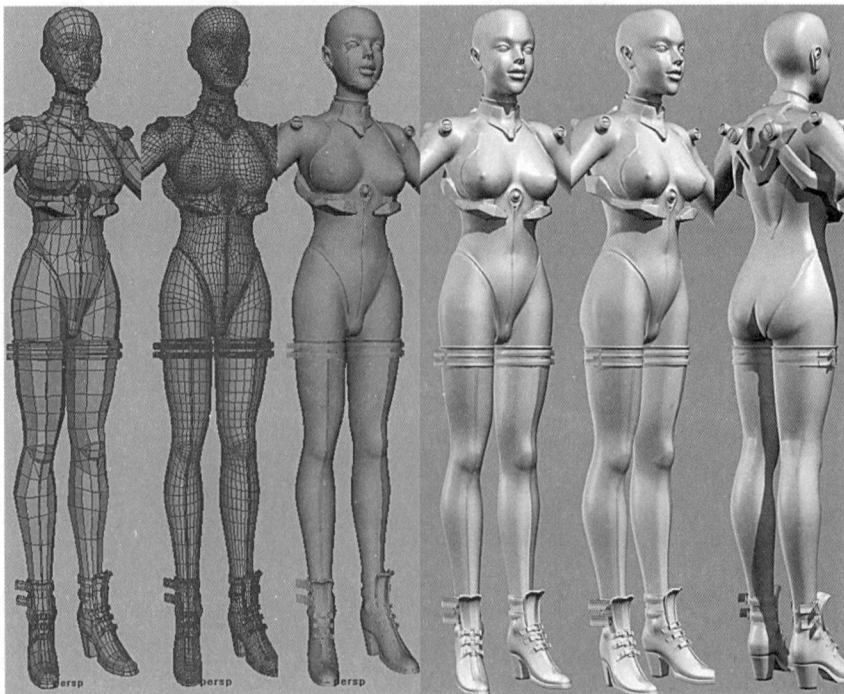

2-29

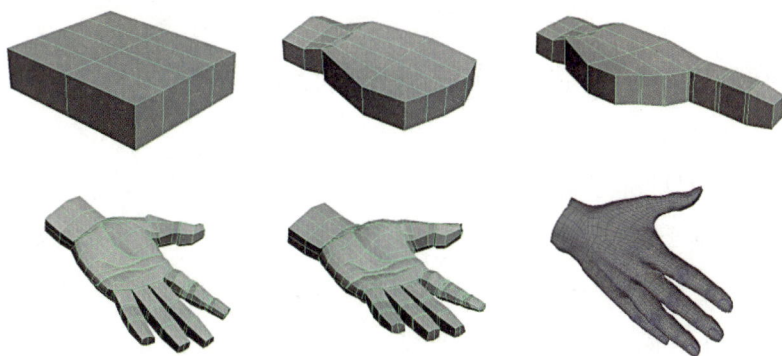

2-30

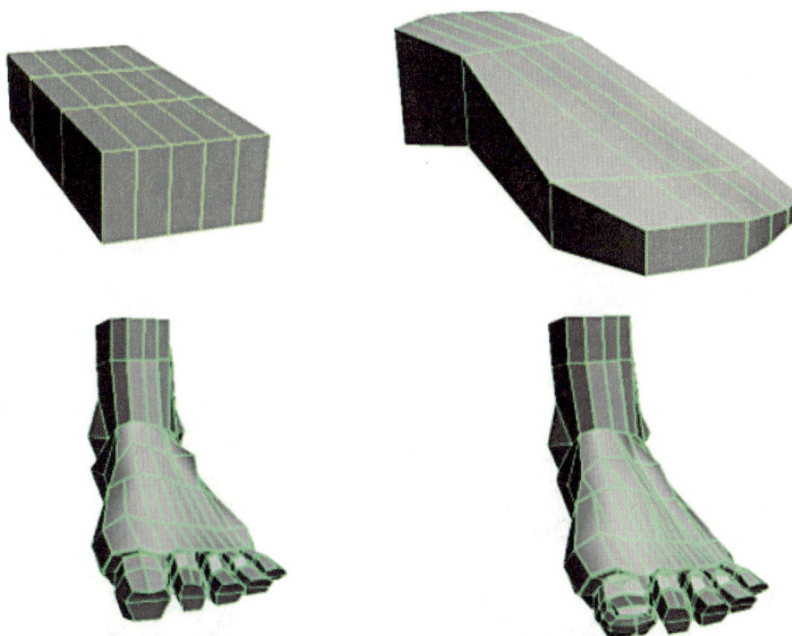

2-31

图 2-30　手的建造方法
图 2-31　脚的建造方法
图 2-32　游戏模型

2-32

第三节　卡通角色造型制作实例

一、契丹部族姑娘

本节将进一步总结用多边形建立角色模型的方法。其实和人体的制作步骤几乎是相同的，为了方便制作，可以绘制一个简单的草图，这是一个契丹部族小姑娘，以备参考（图 2-33）。

基本步骤如下。

（1）启动 Maya 2012，建立一个工程文件。选择 File（文件）→ Project（工程）→ New（新）命令。

单击 Accept（应用）。在 Modeling（造型）模式下，选择 Create（建立）→ Polygon Primitive（多边形元素）→ Cube（立方体）命令。按键盘 5 键显示光滑模式。根据前一章人体的制作方法编辑多边形，选择 Edit Polygon（编辑多边形）→ Extrude Face（挤压面）命令挤压、Split Ppolygon（分离多边形）工具编辑多边形（图 2-34）。

图 2-33　角色的简单草图
图 2-34　建立基本的结构

2-33

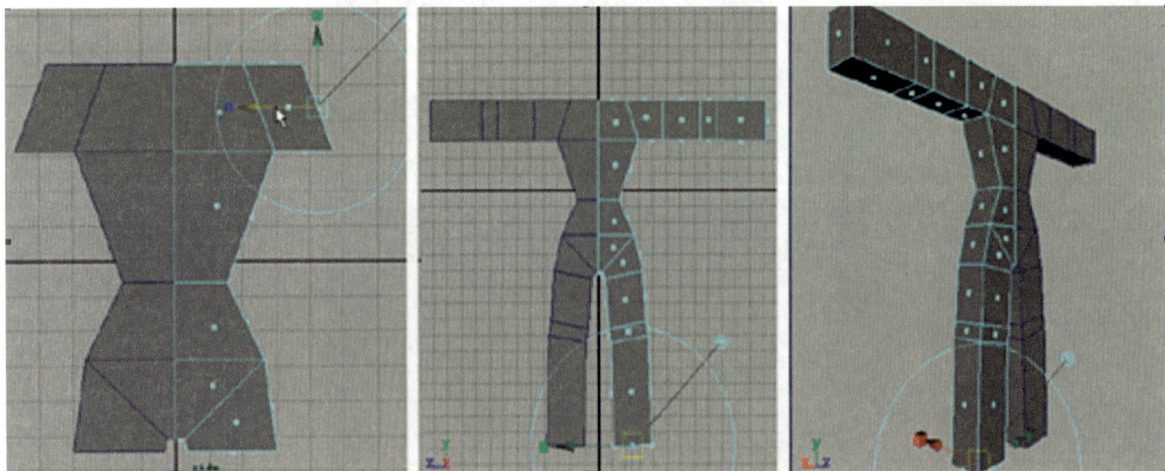

2-34

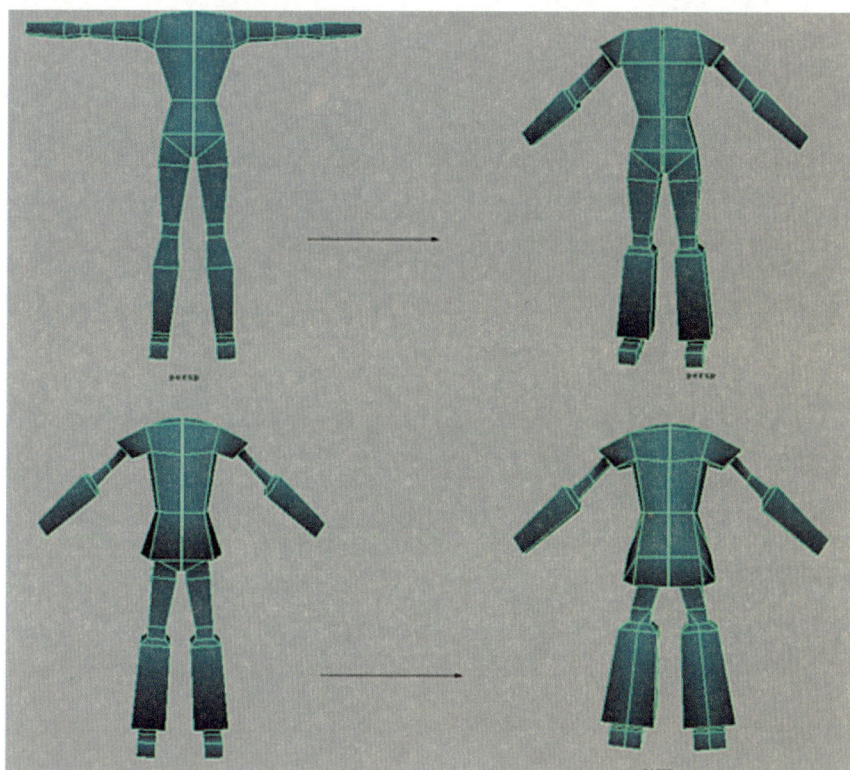

2-35

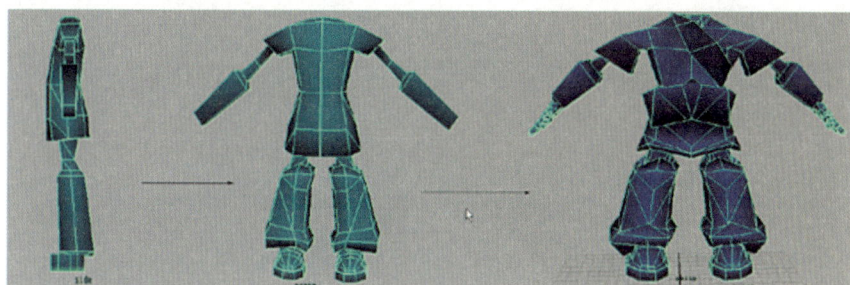

2-36

图 2-35 把大结构进一步明朗化
图 2-36 调整衣服结构

（2）为了观察方便，设置一个色彩，继续利用挤压、分割工具编辑多边形，把大的结构进一步明朗化（图 2-35）。

（3）大的结构完成以后，调整衣服的结构。如果是为了游戏做的模型，其实现在已经差不多了，游戏要用尽可能少的面来体现更多的结构。因为游戏的互动性特点不允许面太复杂（图 2-36）。

（4）根据前一章进一步把头和手做出来。再把眼球做出来。注意，手和头可以局部建立再采取合并的形式，也可以和身体一起做出来（图 2-37）。

（5）继续深入刻画头的结构关系。这里只是一个卡通造型，所以做得不要太写实（图 2-38）。

（6）继续深入刻画手的结构关系，注意手指头的变化（图 2-39）。

（7）把做好的角色设计进行光滑处理。选择 Polygon（多边形）→

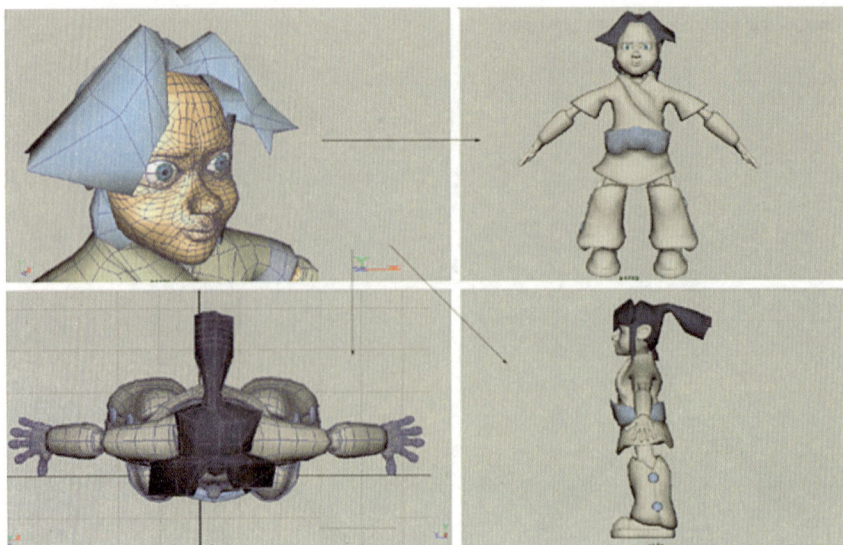

2-37

2-38

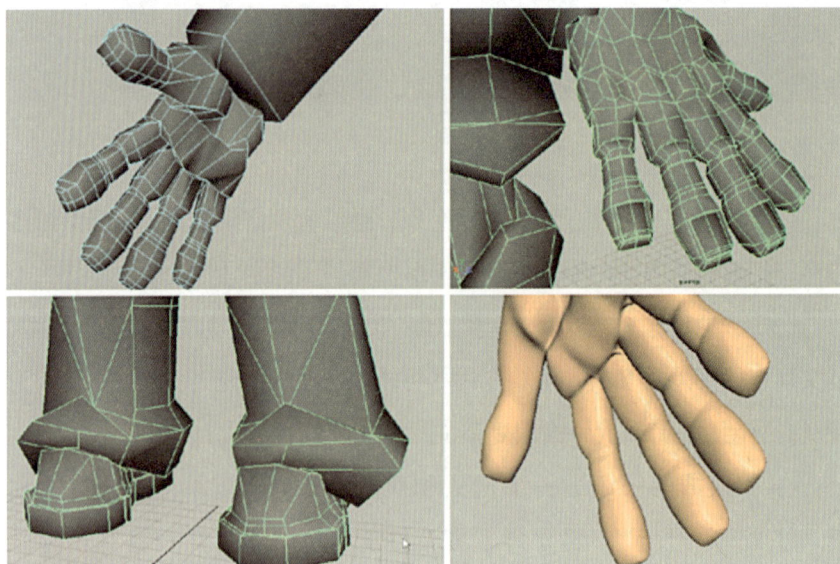

图 2-37 把头和手做出来
图 2-38 继续深入刻画头部结构
关系
图 2-39 继续深入刻画手部结构

2-39

Smooth（光滑）命令，打开属性面板。Subdivision level（细分级别）为1，单击 Apply（应用）（图2-40）。

（8）最后角色完成，这样为下一步骨骼的建立奠定了基础（图2-41）。

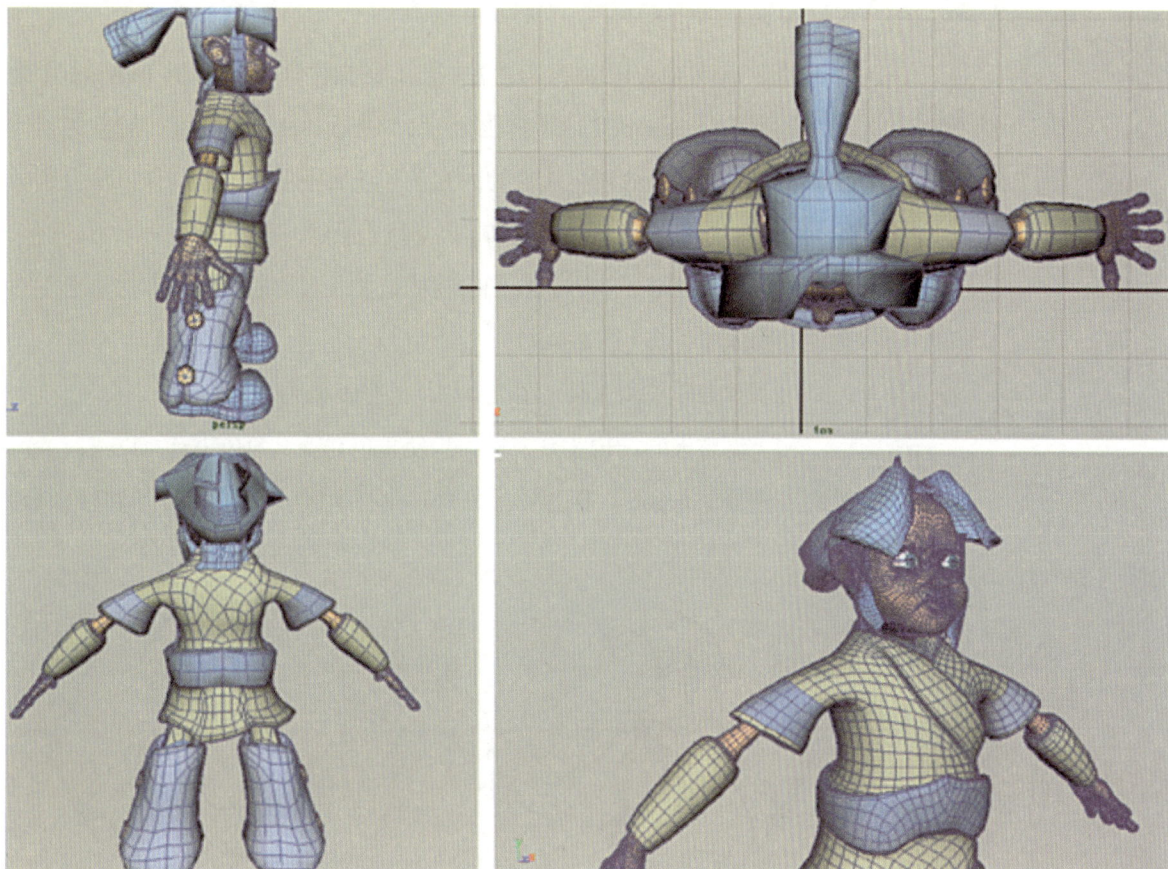

2-40

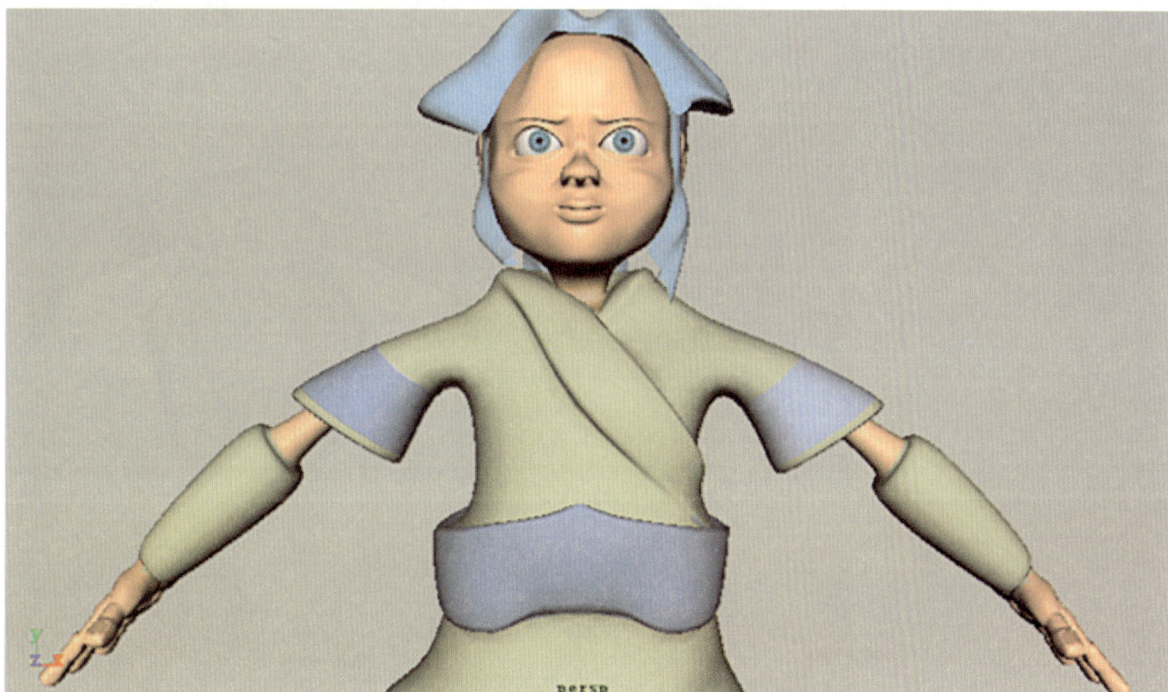

persp

2-41

二、魔法师

这是一个魔法师姑娘，建立方法同上。这里列出以备参考。为了方便制作可以绘制一个简单的草图（图2-42）。

图2-40　角色进行光滑处理
图2-41　完成的角色

基本步骤如下。

（1）启动 Maya 2012，建立一个工程文件。选择 Edit Polygon（编辑多边形）→ Extrude Face（挤压面）命令挤压、Split Polygon（分离多边形）工具编辑多边形。分别把魔法师的帽子和衣服根据人体的制作方法分别做出。一定不要忘记了关联对称复制。因为我们虽然一直是制作一个物体角色，但是制作一半就够了。因为我们的物体是关联对称的。这种方法基于左右对称的物体才可以（图 2-43）。

（2）整合帽子和衣服（图 2-44），再把脚和头依次做出。

（3）调整大的结构关系，进一步使角色完善，角色设计可以进行光滑处理，选择 Polygon（多边形）→ Smooth（光滑）命令，打开属性面板。

2-42

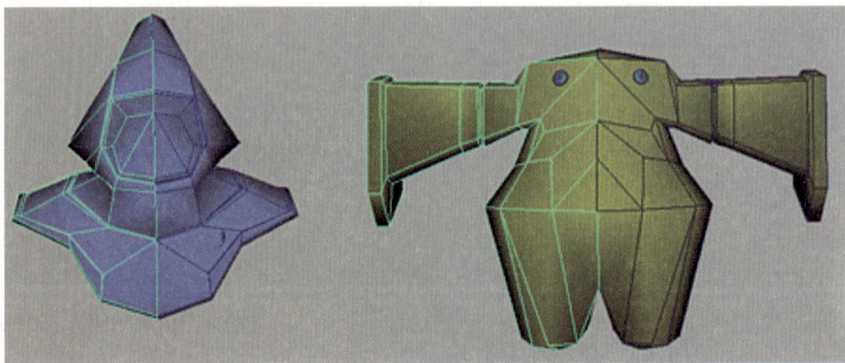

2-43

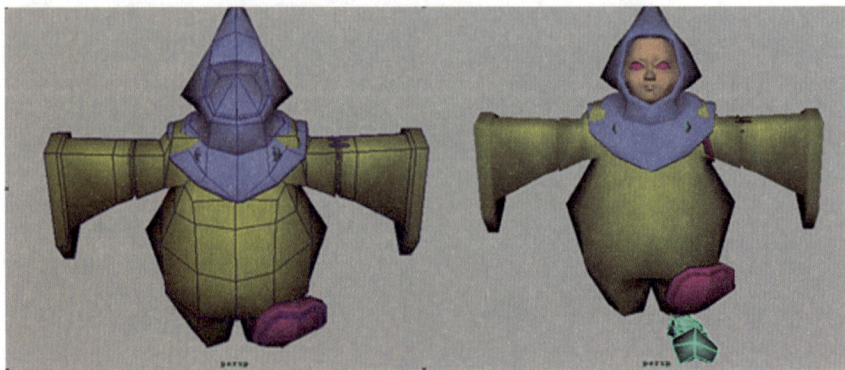

2-44

图 2-42 魔法师草图
图 2-43 关联对称物体
图 2-44 整合帽子和衣服

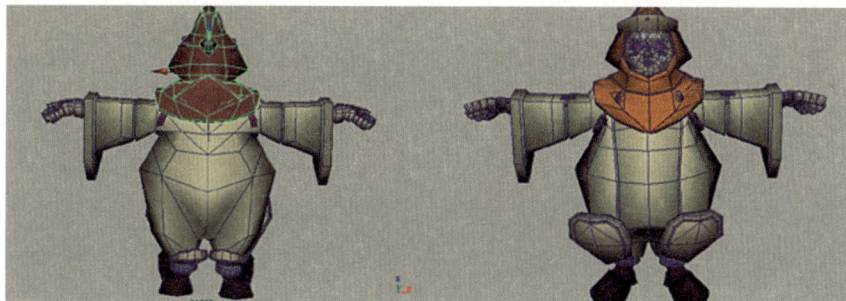

2-45

图 2-45　为游戏开发做的模型

Subdivision level（细分级别）为 1。单击 Apply（应用）。如果是为了游戏做的模型，就不需要光滑处理，需要检查法线方向，因为反的法线是会出现错误的。如果没有其他的错误，现在的结构线框已经可以赋予材质和游戏动作开发使用了（图 2-45）。

本章小结

通过对 Maya 的造型部分的学习，我们已经对多边形有了一个较为全面的认识和了解，本节主要讲解了多边形的构成元素及各元素的功能。

思考和练习

1. 多边形的元素包括哪些？

2. 制作一个游戏模型（时间 8 个课时）。

第三章　游戏的角色设计

第一节　角色造型

第二节　角色分类

第三节　角色的服饰和道具

第三章 游戏的角色设计

角色设计是游戏设计中的一个重要环节，也属于一个基础的设计部分。造型设计作为游戏角色设计中的主要内容，在整部游戏中的位置是至关重要的，其主体地位不言而喻。一款游戏的设计和制作，没有艺术设计人员的参与是不可能完成的。

角色设计这个环节需要根据游戏最初在文字策划阶段的故事情节及故事对造型的描述来决定。这就需要设计人员对前期文字策划的意图进行深入的领会和研究，这样才可以设计出比较优秀的游戏造型。游戏的造型要符合造型规律和形式美法则，无论是造型的平面绘制还是虚拟三维建模，其表现都应符合比例关系、结构形体，以及节奏韵律、明暗对比等造型表现规律。设计过程一般是根据原画设定再到三维造型，因此原画设定对于整个游戏的风格而言，其作用是决定性的。

第一节 角色造型

一、角色造型概述

造型是一种视觉艺术，是基于对美感的表达，因此，作为一名合格的游戏设计人员，要学习的内容有结构素描、色彩理论、立体构成与透视学、场景设计等。绘画是角色造型的基本手段。做好原画的绘制工作需要娴熟的绘画功底，把画面中人物的动作的起始与终点的静止画面，以线条稿的形式表现出来，这是游戏设计的第一步（图3-1）。

图3-1 角色设计绘制

游戏的三维造型不同于其他类别的艺术造型，它是基于造型，以计算机为工具，进行形体制作的过程。在艺术设计院校的游戏雕塑课上，深入研究游戏角色造型的形体结构，对以后三维游戏的形体制作是很有帮助的。如果进一步在一件成品泥塑上进行彩绘，三维制作的时候，在光影和色彩方面，就会有个很好的参照和依据，这样制作出来的模型就很标准（图3-2）。

在整个游戏的制作过程中，三维设计师必须熟练掌握Maya、Photoshop、3dsmax等基本软件。这里主要介绍的是三维游戏造型艺术设计，就是先设计好造型，然后用Maya或者其他的三维软件把它制作出来（图3-3）。

3-2

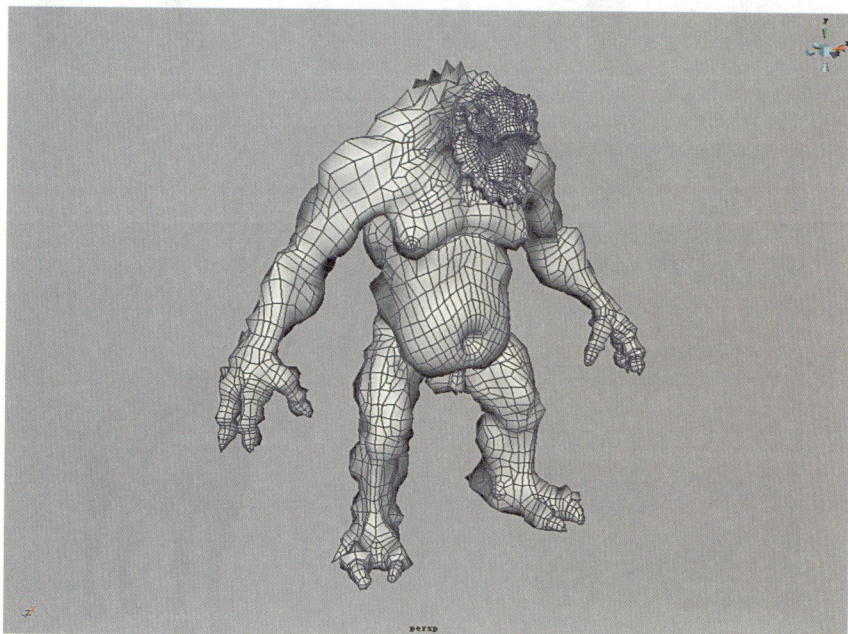

3-3

图3-2 游戏造型雕塑
图3-3 游戏造型（1）

Polygon（多边形）造型、NURBS（非均匀有理 B 样条曲面）造型、Subdiv Surface（细分曲面）造型都有自己的优点。其实无论使用什么方法，都是为造型设计服务的，最终都以多边形显示的方式出现，没有一个绝对正确的方法来为游戏建模下一个定义。对于从事游戏造型设计的人员来说，模型看起来生动、具有美感、布线合理，符合三维造型的一般规律即可。

作为三维设计者来说，能够快速而有效地建立模型是非常可贵的，建模的速度越快，浪费的多边形越少，才会有更多的时间和原材料用于思考和研究，这是很重要的一点。不管你使用什么方法建立对象和角色，最后的产品有价值，就是可贵的。当建立可靠和有效的几何形体在游戏引擎中使用时，按部就班地根据计划来设计模型尤为重要。看图 3-4 所示的马的造型，用多边形造出了马的气势和马的英姿，制作这样的模型，必须对马的结构有清楚的了解，还要绘制出马的贴图。在游戏中马的形象是经常遇到的，基本制作步骤见图 3-5。

前面已经讲过，三维角色造型，在技术实现上有三种方式：Polygon 造型、NURBS 造型、Subdiv Surface 造型，然而在游戏制作方面，一般采取 Polygon 造型的方法，这样更能体现游戏模型的特性。如果一个角色是用 NURBS 制作的，可以在 Maya 中选择 Modify NURBS to Polygon（曲面转化为多变形）命令相互转化继续加以制作。一个好的角色，要符合游戏使用的基本特点，角色不宜复杂和烦琐，简明扼要地把结构和贴图体现到位即可。如

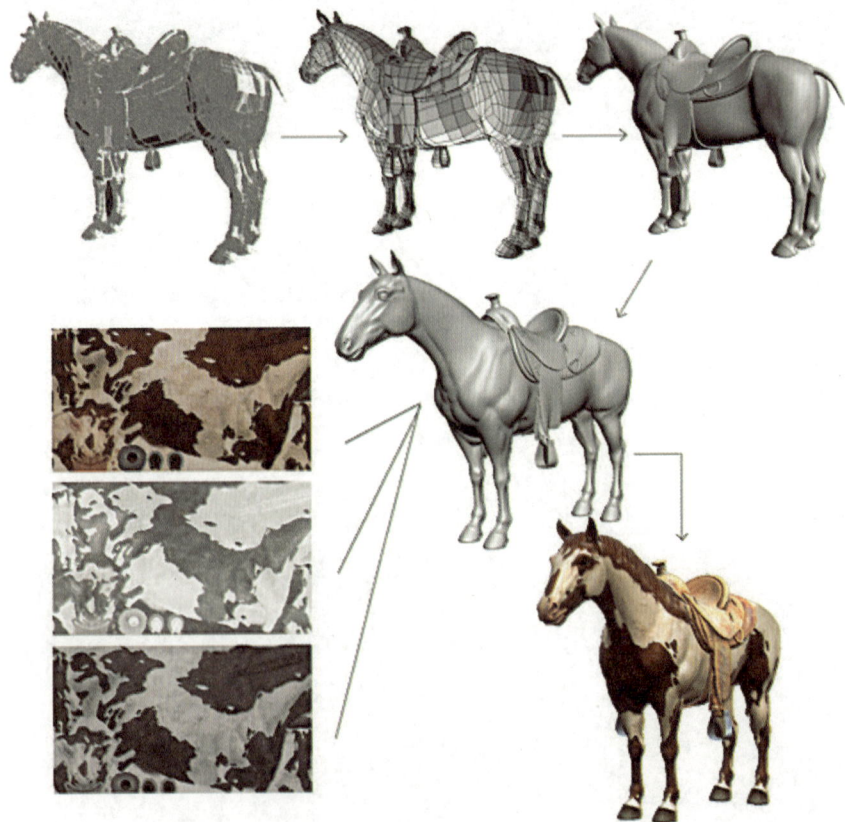

图 3-4　游戏造型（2）

图 3-5　三维模型制作

图 3-6、图 3-7 所示的三维制作的角色模型，概括得都比较好。

　　Maya 的多边形建模为游戏造型设计者所青睐。我们这里谈的造型，当然是具有一些绘画创作属性的艺术造型，并不是单纯地建立一个 Box（盒子）那么简单，要想办法利用 Box 这么简单的命令拓扑出一个人头，就像雕塑家能把一块石头雕成很复杂的艺术作品一样。一切视觉艺术都离不开造型，说造型是视觉艺术的基础一点也不过分。艺术设计学院的解剖素描和雕塑人体课程对训练造型能力是很有好处的，特别是对结构的观察和雕琢，能使设计师对造型的理解和塑造意识得到很大的提升，对角色的三维建模训练，起到事半功倍的效果。如图 3-8 所示的武士造型设计，就较好地塑造出了武士的气质。

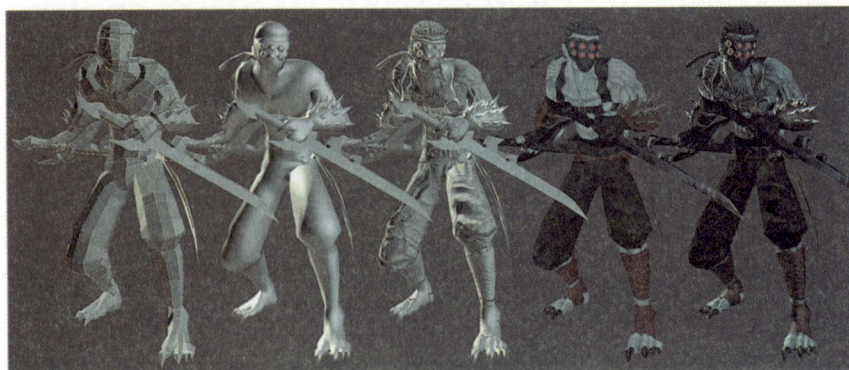

3-6

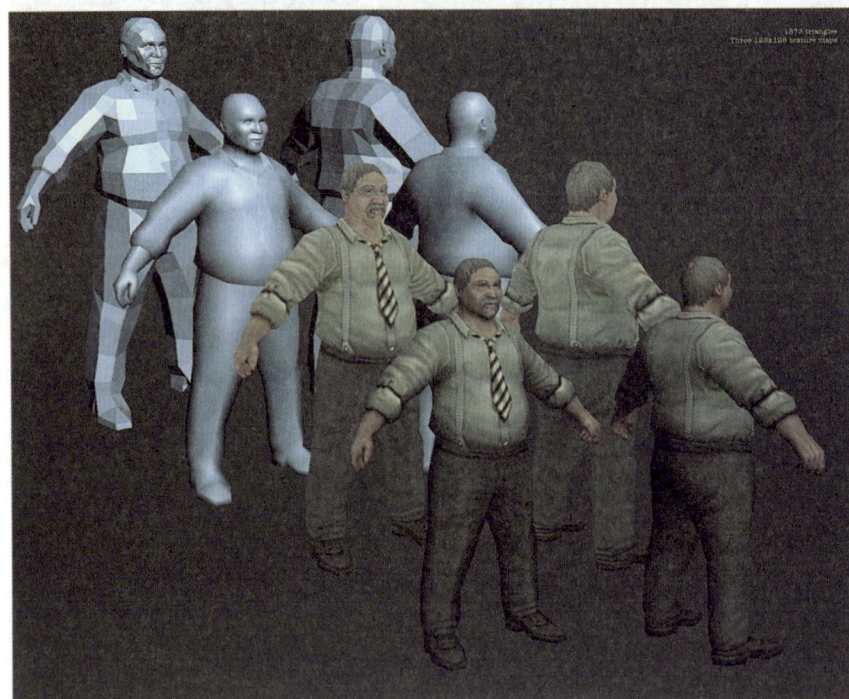

3-7

3-8

图 3-6　三维游戏模型制作步骤（1）
图 3-7　三维游戏模型制作步骤（2）
图 3-8　三维建模产品造型

二、角色的比例

一个优秀的角色设计，要便于下一步的制作，要将人物画出正面、侧面、背面，以及人物的基本动态与面部表情。一个角色是由胸腔、腰和四肢几大部分组成的，把胸腔和腹腔归纳为简单的几何形体，把腰和四肢看成连接两大腔体的肢体，然后，再在几何图形和肢体上加上衣服和一些细节，这样，不管形体如何变形、夸张、扭曲，人物造型也能达到准确、完整和统一。图 3-9 是一个人物形象，肌肉夸张较大，但造型的基本方法仍是相同的。观察人体造型比例，在此基础上制作衣服及细部，局部加以修饰，就可以得到想要的游戏的三维效果。

以上是设定角色的要领。游戏造型看起来虽然麻烦，但它是有规律可循的，经常用 Maya 软件自己练习一些人体造型是很有必要的（图 3-10、图 3-11 ）。

在游戏设计中，更为关键的问题是，一定要注意设计的是什么角色，什么类型的角色。环境、性别、爱好和精神面貌等都要考虑进去，体现出他喜欢做什么或者不喜欢做什么，甚至可以传递出他是否具有生活的信心和对未来的憧憬等深层次的信息。

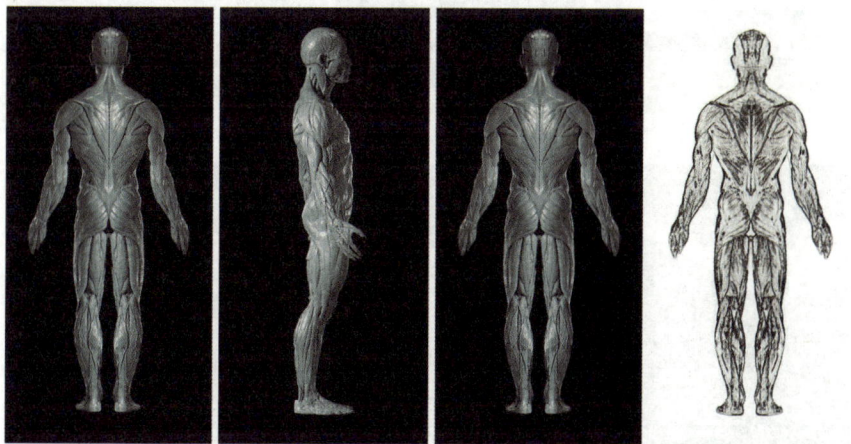

3-9

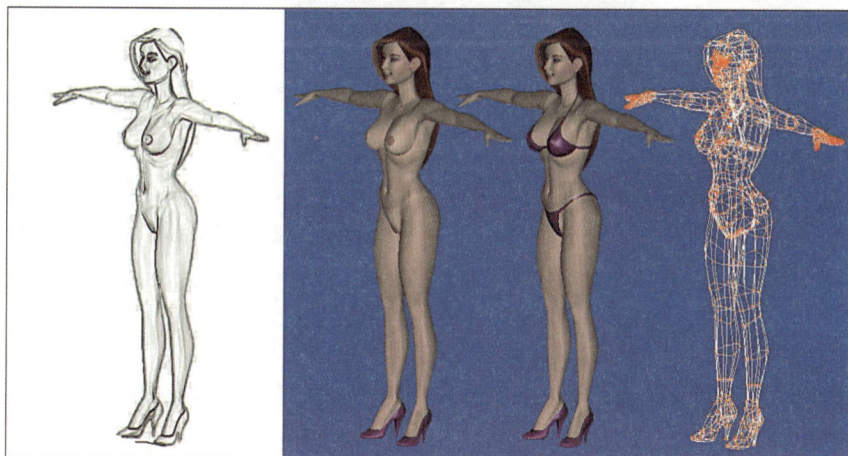

3-10

图 3-9　CG 角色人体造型
图 3-10　三维角色造型图例

48

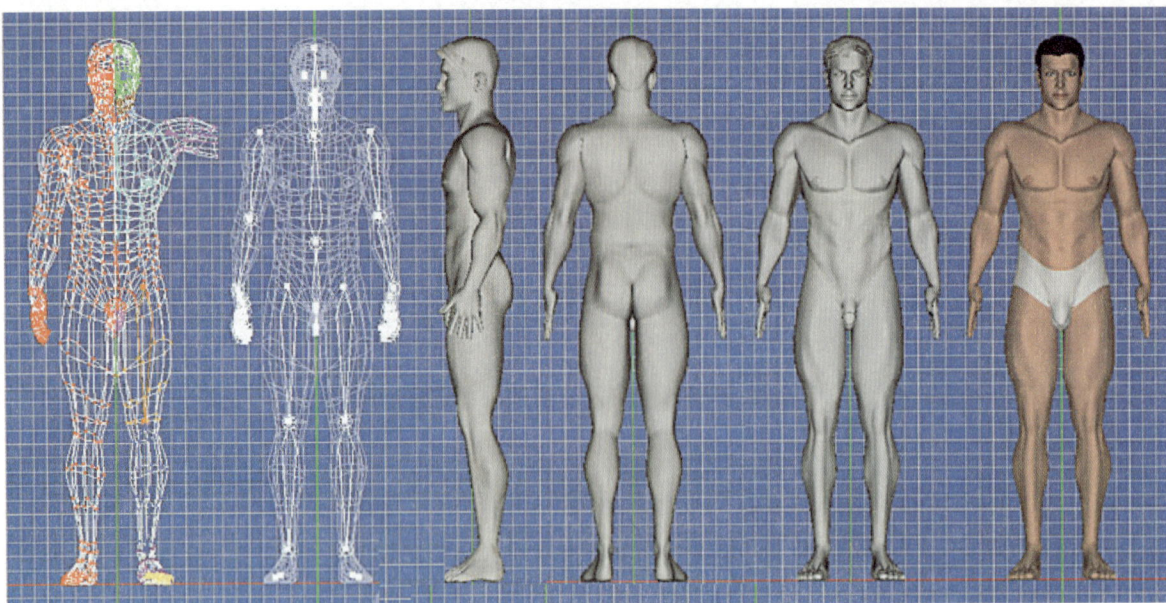

3-11

3-12

3-13

图 3-11　角色造型比例
图 3-12　写实类《FIFA 07》角
色设定
图 3-13　写实类《鬼泣 4》角色
设定

第二节　角色分类

一、写实类角色

在写实类人物设定的游戏中，角色以正常人的人体结构、身体比例
为特征，符合人特有的本质。这类形式的人物造型，一般应用于球赛、战
争、警匪格斗等游戏中。一旦人物的比例或结构出现问题，即便是细微的
错误，也会很容易被发现，所以写实类角色设定游戏中的人物造型都比较
严谨（图 3-12、图 3-13）。

图 3-14　日本游戏《太鼓达人》
角色设计

二、卡通类角色

卡通类角色设定比较夸张，卡通风格的游戏往往会被很多女性玩家所喜爱。这类游戏趣味性、休闲性强，画面色彩清新、明朗，人物造型夸张、可爱，血腥、暴力的场面很少。具有代表性的游戏有韩国网络游戏《仙境传说》，曾经获得 2001 年韩国游戏最具人气奖，在韩国拥有 190 万的会员，在日本亦有 50 万玩家。这和游戏独特的设计风格是分不开的。此游戏以北欧神话为背景，二维 Q 版日式造型风格的人物与三维的中世纪的城镇村落融合在一起，使画面清新、明朗。此外，日本的 Square-Enix 游戏公司制作的《魔力宝贝》，从二维的卡通角色造型一直发展到现在的《魔力宝贝 4.0》三维新版，同样拥有几十万的在线玩家。此种类型的游戏还有《石器时代》、《幸福花园》以及国内的《梦幻国度》、《太鼓达人》（图 3-14）等。

三、机械形体类角色

机器人、坦克、战斗机、战船等机械战斗兵器在西方众多科幻影视中是必不可少的武器，成为最让观众为之激动的元素之一。这些兵器在卡通漫画领域，也被无数热爱者所迷恋。《变形金刚》、《机动战士高达》、《攻克机动队》等动画片在"机甲文化"发展史中占有重要的地位。机械形体的角色设定，其风格也各有差异，有的比较圆滑，有的则趋向几何形体化（图 3-15～图 3-17）。

图 3-15　以机械零件制作的角色
设定

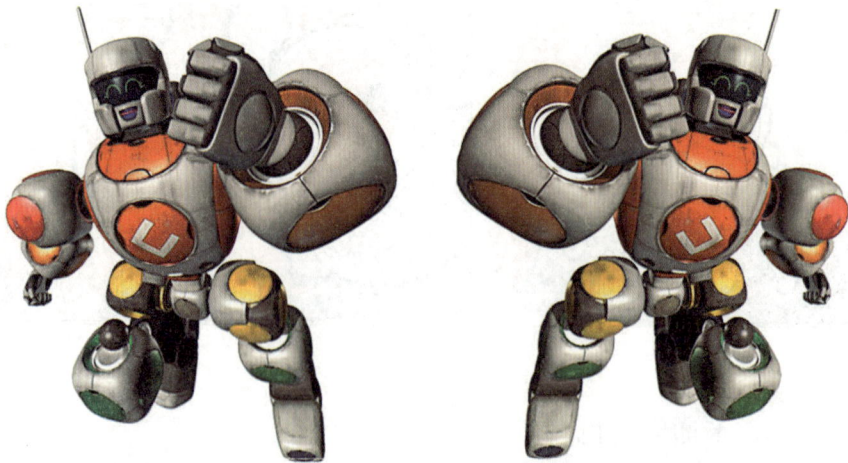

3-16

3-17

图 3-16 圆滑机械形体的角色
设计
图 3-17 机械形体的几何化设计
图 3-18 《机甲战士 2》

3-18

　　机甲战士一般是指机械兵器、军用双足步行机器人。游戏中设计的机甲，大部分是作为战斗用途的军用机器人，这类机甲外形大多数为人形或类人形，如《特勤机甲队》、《机甲指挥官》系列。此类机甲外形设计风格粗犷、强悍，追求实用性。根据军事用途的不同，武器配备也多种多样，例如从机械手持实弹枪械，手提 / 肩射加农炮、各种口径的激光武器，到各型飞弹、火焰喷射器、掷弹器等（图 3-18）。

机械类游戏中同样有卡通形式的造型，身高一般为 1~5 个头身。根据游戏的整体风格，这种造型同样具有卡通人物的可爱性、趣味性。相对于冷冰冰的写实类机器人，它们具有更多的休闲性和娱乐性，打破了机械类游戏一般都笼罩在黑暗、紧张的竞争气氛中的惯性，使玩家得到充分放松。

第三节　角色的服饰和道具

一、角色的服饰概述

游戏的服饰、装备和道具在一款游戏中是必不可少的。根据不同的游戏内容及游戏风格，服装也不相同。各个国家的古代传统服饰、现代服饰、现代战争中的服饰和运动服饰等，在游戏中都有体现。

服饰的概念泛指社会文明下所体现出来的衣、帽、首饰、配件、饰品等物品。服饰是历史发展的结果，是人劳动的体现，是某个时代物质生产能力和物质生活水平、人类物质文明的直接反映，体现了各个国家的风俗习惯和民族文化。

以古代神话故事或历史名著为背景的游戏，在制作中都要参照大量相关的文献资料，使游戏在服饰、音乐、道具、建筑等方面更贴近史实。或许是因为长期以来人们对于武侠小说的偏爱，使得武侠古装角色扮演游戏深受欢迎。

极限主义艺术风格影响下的服饰，以简单的设计理念影响到国际时装的流行趋势，成为 20 世纪末的一项具代表性的服饰风格的变革，在游戏设计中得以体现。欧洲从拜占庭艺术风格与服饰的变化到极限主义艺术风格与服饰的变化经历了一个相当长的历史时期。从个体来看，服饰也是人们思想意志与情感世界的反映，因此服饰直接体现了人的性格心理特征。例如，在拜占庭艺术时期，服饰的大斗篷、帽饰以及鞋饰上都出现了镶贴、光彩夺目的珠宝和充斥着华丽图案的刺绣。这些情形有别于同时期在欧洲地区的服饰，营造出一种既融合东西方又充满华丽感的服饰装饰美。在设计不同国家、不同民族、不同性格的角色时，根据角色的这些背景资料选择搭配合适的服饰至关重要（图 3-19）。

从历史上看，华夏服饰最为丰富多彩，中国的衣冠服饰制度很严谨，夏商时期就得以体现，到了周代被纳入"礼治"范围。服饰依据穿着者的身份、地位而各有不同，天子后妃、公卿百官的衣冠服制、等级制度日益严格。中国的旗袍出现在 20 世纪 20 年代，始于清代满族妇女服装，是由汉族妇女吸收西洋服装改进的。旗袍几乎成为 20 世纪 20 年代后期中国新女性的典型装扮。中国旗袍的款式几经变化，但一直风行至今，进而成为中国女性的典型服饰。游戏的服饰设计一定要参考历史，这样角色才生动，具有真实感，使之符合游戏的主题（图3-20、图3-21）。

二、角色的道具

设计角色佩戴物品要符合人物特征，让角色佩戴物品是角色展示其个性的一个重要方式。例如，给一个角色配置古代兵器还是现代兵器，展示

3-19

3-20

图3-19　不同的时期选择搭配合适的服饰
图3-20　为《三国演义》设计的角色

3-21

图 3-21 《铁血三国志》中的角色
设计

给我们的效果是不一样的。其实，给角色设计佩戴物品也是一种艺术，因
为角色的个性也许就因为佩戴的物品而得以表达。例如，刀剑具有彰显暴
力的刚性视觉效果，适合矫健的斗士等使用。装备和道具是游戏中的角色
进行搏击、格斗和施展魔法的重要工具，也是丰富游戏画面、增加游戏趣
味的重要因素。根据角色的装备、道具的不同，简要分析如下。

（一）帽子、鞋子、腰带、手套

帽子、鞋子、腰带在游戏中是经常见到的，可以展开丰富的想象力，
结合游戏角色的个性特点进行设计。例如机械战警和古代士兵的帽子区别
是很大的，要注意体现他们不同的特点。

（二）兵器

兵器是游戏角色的主要道具。要根据游戏的历史背景去设计不同样式
的各类兵器。中国古代常见的兵器有刀、枪、剑、戟、弓、斧、叉、锤子等。
例如在《三国演义》中，关公使用的兵器是青龙偃月刀，张飞使用的是丈
八长矛，吕布使用的是方天画戟等。

（三）其他道具

游戏道具是繁多的，除以上之外，还有很多的内容，像炸弹、背包、船只、
飘带、餐具、乐器、宝石、黄金首饰等，也需要细致地为角色设计出它们
的造型。

每个装备、道具都有其固有的功能，如刀、枪、剑、戟、棍棒、枪炮、
魔杖等，都在游戏中发挥着不同的作用。角色的装备、道具要符合角色的
身份，在考虑到实用功能的同时，还要充分发挥想象力，设计出个性、奇特、
新颖的造型（图 3-22、图 3-23）。

3-22

3-23

图 3-22　为角色设计的装备（1）
图 3-23　为角色设计的装备（2）

本章小结

通过本章的学习，我们初步了解了游戏的角色设计。角色设计对游戏设计人员的视觉呈现技巧提出了较高的要求。除了艺术造型的能力，还有游戏的色彩、光线和游戏的视角等内容，缺少了这些，游戏只能是乏味的程序而不可能成为真正的游戏。用务实发展的眼光来看，较高的艺术修养和熟练的表现技能对于从事游戏设计的人才来说，是必备的素质之一。因为艺术与科学的不断融合，才造就了娱乐游戏的精彩世界。

思考和练习

1. 简述造型艺术在游戏设计中的地位。

2. 设计一组戏游角色，时代为唐朝。

第四章　游戏的场景设计

第一节　游戏场景设计概述
第二节　游戏场景制作实例

第四章　游戏的场景设计

游戏场景的虚拟现实技术是计算机对三维图形的描述，通过创建虚拟场景达到娱乐的目的。三维场景和计算机的交互功能，大大改变了单机电子时代的单调与乏味状况，也开启了玩家参与可交互娱乐的三维虚拟游戏世界。

第一节　游戏场景设计概述

一、什么是场景设计

游戏场景设计，通俗地说就是在虚拟世界中，安排各式各样的新奇有趣的建筑物体和自然景观。场景设计的作用是交待游戏故事的地域、时空转换和承载游戏角色运动。要根据不同年代、地域进行设计，游戏场景在游戏中具有主导视觉效果和烘托情节气氛的作用。

在网络游戏产业快速发展的大背景下，游戏设计的位置得以凸显。玩家已经不满足于简单的游戏设计，在虚拟的世界中，他们要追求更为真实的游戏体验。在这种背景下，对场景设计也提出了更高的要求，例如《魔兽世界》中的场景设计让人感觉好像置身于虚无缥缈的梦境（图 4-1）。

一般地说，游戏场景主要分游戏内景和游戏外景。所谓内景就是以室内为主的场景设计，是指室内的布置、摆设，或其他场景设计规划的内部

图 4-1　网络游戏《魔兽世界》中的场景设计

4-1

4-2

图 4-2 《星球大战》中的场景绘制

景点；所谓外景是指室外的一切景观，包括室外的规划布置、道具的摆设，或其他场景设计的外部景点。游戏内景和游戏外景要符合观察事物的视觉习惯、角色的体积与环境物体大小的比例关系，以及是否能更好地配合角色在画面中的运动。场景设计所包含的内容比较广泛，例如原野、房屋、海洋、楼阁、森林、桥梁、城堡，还有一些夸张的奇幻场景等，例如《星球大战》中的场景绘制（图 4-2）。

由知名游戏设计公司 Tilted Mill Entertainment 制作的游戏《凯撒大帝4》，再现了古罗马帝国繁华荣耀的景观，虚拟的三维效果让玩家惊叹不已。玩家完全可以近距离欣赏古罗马帝国伟大的工艺建筑造型，场景可以自由放大、缩小、旋转等，以不同的角度来了解古罗马时期的建筑美学。就算是最低等的平民百姓居住的公寓，也同样呈现出丰富的层次与细节。玩家的任务是从一砖一瓦开始，创造出一座庞大的古罗马城市。随着城市规模越来越大，如何有效率地维持游戏、运作游戏，便是玩家所面对的最大挑战（图 4-3、图 4-4）。

4-3

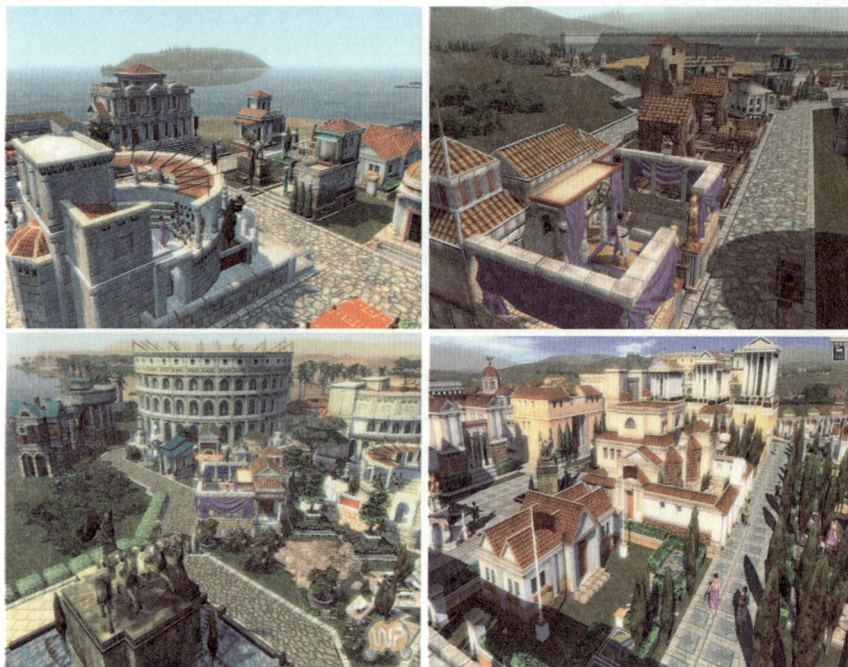

4-4

二、场景设计依据

游戏场景设计的整体策划也非常重要，它是对场景设计的总体计划，包括游戏的运行条件、开发环境、整体设计风格等。在游戏场景的基本风格确定以后，就要进行绘画风格的选择。现在的游戏设计，常见的绘画风格有三种，分别是日韩游戏、欧美游戏和中国游戏。无论哪种绘画风格，游戏场景设定都可以遵循以下三个重要依据。

（1）以故事的年代、文化地域环境为依据。世界的历史就是世界文明发展变化的历史。到现在为止，人类的文明大体经历了农业文明和工业文明两大发展阶段。在一款游戏中，我们经常看到故事的发生和情节的演变是在农业文明和工业文明的环境中，也有些时候横跨两个文明时期。文明是人类创造的全部物质和精神成果，世界上存在着众多的文明，每一种文明都有其内在的发展动力，都在不断地发展变化。当然发展的速度有快有慢，成就有大有小。我们要做的，就是广泛搜集大量的史实资料，一方面，可以准确把握时代背景；另一方面，为游戏场景的设计积累丰富的素材，拓展思维的想象空间。

《帝国时代4》系列的第三部，就涉及很多具有时代特征的地域文化。游戏开始于公元1500年，哥伦布发现新大陆之后，玩家将率领欧洲国家征服新世界。游戏的单人战役部分跟随美洲的历史直至1850年。多人模式允许玩家从八个国家中选择一个，例如法国、西班牙和英国等。游戏将从乘船开始，在美洲大陆登陆，来亲身体验征服新世界的过程（图4-5~图4-10）。

4-5

4-6

图4-5 《帝国时代4》不同时期的城市建筑
图4-6 《帝国时代4》登陆所用的船只

4-7

4-8

4-9

图 4-7 《帝国时代 4》场景图
例（1）
图 4-8 《帝国时代 4》场景图
例（2）
图 4-9 《帝国时代 4》攻城战
争场景
图 4-10 《帝国时代 4》城市
建筑场景

4-10

其实，每一款游戏都有它的时代背景，是发生在中世纪时代还是发生在史前时代，搞清楚年代才能在设计中有的放矢。例如，游戏《二战英雄》的时代背景为第二次世界大战期间，《轩辕剑》定位在春秋战国时期，《反恐精英》置身于20世纪的一个世界反恐的大环境中。

也有些游戏的背景完全为想象的虚幻世界。例如，《星际争霸》架构在虚幻的未来太空之中，《魔兽世界》则远征至无边的幻想空间。由于没有具体史实的限制，在设计中可以天马行空，尽情地发挥想象力。但这样的场景设计，在设计过程中尤其需要注意整体性和系统性，避免不能自圆其说。其实这类游戏中的场景，一般也有现实的依据，设计人员只有认真研究和借鉴现实中的场景，才能营造出真实的感觉（图4-11、图4-12）。

4-11

4-12

图4-11 《魔兽世界》场景画面（1）
图4-12 《魔兽世界》场景画面（2）

（2）以故事人物造型风格为依据。人物造型风格也是符合游戏的时代文化背景的。一款游戏中的人物造型风格与当时的文化活动无法分开。文化体现着人的本质和人的发展，人创造着文化，文化也塑造着人。特别是在角色扮演型游戏中，人物的服饰、道具等都是和文化分不开的。既然文化不同、地域不同（例如东西文化的区别），人物造型风格也就不同。最具有代表性的就是《魔兽世界》和《二战英雄》，文化地域环境各有不同，场景设计带给我们的视觉呈现就不同。在这一类型的游戏中，场景设计风格要根据人物的设计风格进行构思，对人物起到烘托的作用，并与人物的特征相配合，塑造出整体的视觉效果。图4-13～图4-16，就是以故事人物造

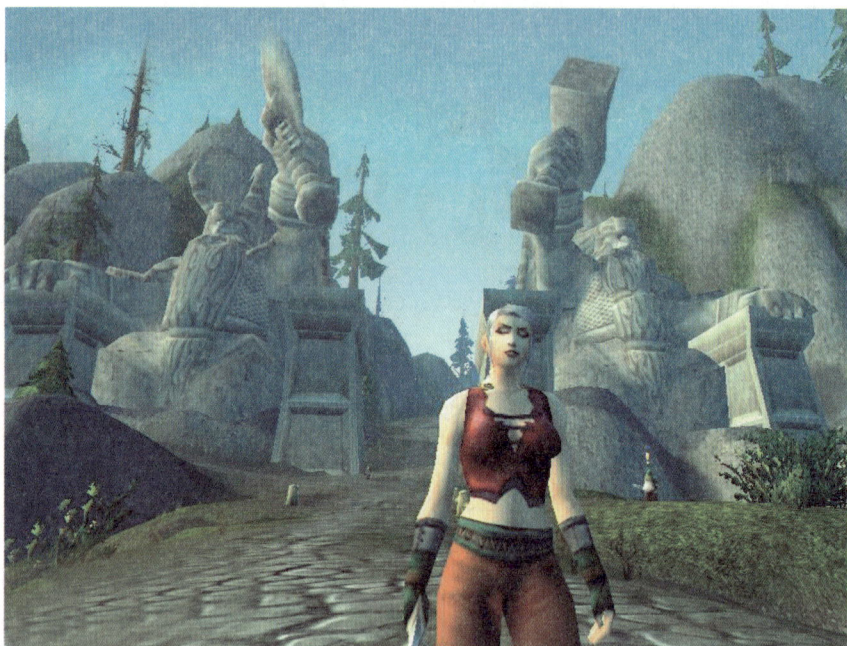

4-13

图 4-13 《古墓丽影》的三维场景设计
图 4-14 《魔兽世界》的三维场景设计

4-14

（3）以故事情节为依据。很多游戏类型，展示给玩家的是故事情节。每个人玩不同的游戏，都会随着游戏故事情节的变化而出现相应的心理状态，游戏也因此对玩家具有了无穷的诱惑力。在游戏当中，游戏情节是游戏发展的主要线索，场景设计是用来烘托情节的，因此在设计中要根据情节进行游戏场景的设计，场景一定要符合情节的环境气氛。例如，在游戏《古墓丽影》中，劳拉表现的是一个英雄的形象，来攻克任何一个关口，射杀任何胆敢挑战的敌人。为了配合游戏情节的发展，满足玩家追求惊险刺激的欲望，场景会随着关口难度的增加而改变，一般都设计得昏暗而险恶（图4-17）。

图4-15 《二战英雄》中的三维场景设计（1）
图4-16 《二战英雄》中的三维场景设计（2）

4-15

4-16

图4-17 《古墓丽影》中的险恶
关口
图4-18 《幻想世界》中的古韵
风格的场景

三、场景设计的特点

设计的场景一般应具有如下特点。

（1）场景要符合游戏的主题。游戏场景设计的构思要符合游戏主题思想。首先，游戏设计的所有工作，都要为游戏的主题服务，场景的设计当然不能例外。这一点很好理解，如果我们把《古墓丽影》中的劳拉置于《轩辕剑》风格的场景中，显然不伦不类。其次，场景设计的风格要以游戏主题所涉及的国家、文化、年代、地域、时间、气候、风俗特征等为客观依据。游戏中的场景设计越接近事实的映象，就越能使玩家产生虚幻的真实感，从而使游戏更具娱乐性（图4-18）。

4-17

4-18

4-19

图 4-19 《魔兽世界》中虚幻的
场景

（2）场景要具有虚拟性。在游戏行业，大量应用了虚拟现实技术。但是，如果只是简单地运用虚拟现实技术，完全按照现实的原貌去制作游戏世界的场景，肯定不能够吸引玩家。因为游戏是浓缩的现实，并且超越了现实。一方面，游戏的场景取材于现实世界；另一方面，游戏的场景又必须具有虚拟性。如果游戏仅仅是现实的翻版，那么我们就不会需要游戏。要使玩家沉浸在游戏中，在某种意义上说，其实就是在为玩家制造一个逃避现实的场所，使玩家达到现实中无法实现的目的。而在游戏中，虚幻的世界恰好能够满足玩家的这一需求，营造出一个属于玩家的"真实"的自由世界。在游戏中，那些奇特的建筑物、梦幻般的空间或超现实的背景，以及虚无的人物，往往能够更好地提供游戏所承载的信息。这样一来，才能令玩家产生身临其境的感觉，从而使游戏变得妙趣横生（图 4-19）。

四、动画的场景步骤分析

以下是一个简单的场景小品分析：

夜幕降临，周围环境静悄悄的，路灯开始亮了起来。某童话王国小镇的街道上已经没有行人，只有几盏暖色的灯从窗户里散发出阵阵温馨。夜色中不远处传来蛐蛐的叫声，天上的月亮在向你微笑，路灯下一些昆虫在飞舞，不远处传来汽车的鸣笛声……（场景文件在光盘 Lesson4 中，工程文件名称为 House）。

在具体制作前，资料的搜集和整理至关重要。根据搜集到的资料绘制出场景的色彩效果稿，可以多绘制几种风格，在进行三维制作时，这些照

图 4-20 资料和色彩稿
图 4-21 模型制作
图 4-22 模型渲染

片资料和色彩稿都将成为制作依据（图 4-20）。

运用我们学过的 Maya 的一些知识来制作，根据楼房主体的古典风格，从建立一个多边形的立方体物体开始逐步完成，最后进行 UV 贴图、灯光设置、渲染等操作，直至最后完成（图 4-21～图 4-25）。

4-20

4-21

4-22

4-23

4-24

4-25

图 4-23　贴图设置
图 4-24　灯光设置（1）
图 4-25　最终效果

第二节　游戏场景制作实例

我们现在制作一个游戏场景，场景中有一个雕像、一个火堆，火堆将雕像背面映照得通红，雕像的前面是自然光的照射，看看二者是如何表现的（场景文件在光盘 Lesson4 中，工程文件名称为 Filesok）。正确的表现技巧会为迷宫的雕像增添几分神秘色彩，这对于游戏场景的氛围营造尤其重要（图 4-26）。具体操作步骤如下。

（1）制作一个场景，或者打开光盘第四章中的 diaoxiang.mb 场景文件，是一个雕像场景（图 4-27）。

（2）建立一个材质，选择 Blin（布林）材质，打开 Blin（布林）材质属性，如图 4-28 所示进行设置。本步骤主要是模拟石膏像的效果，也可以尝试其他效果（图 4-28）。

（3）选择 Window（窗口）→ General Editor（通常编辑）→ Visor（面夹）命令，在雕像的后面的 NURBS 物体中，用画笔 Paint 笔中的 fire（火）绘制出火的效果（图 4-29）。

（4）选择三面墙面物体，分别给一个 Lambert 材质属性，选择 Color

图 4-26　迷宫的雕像

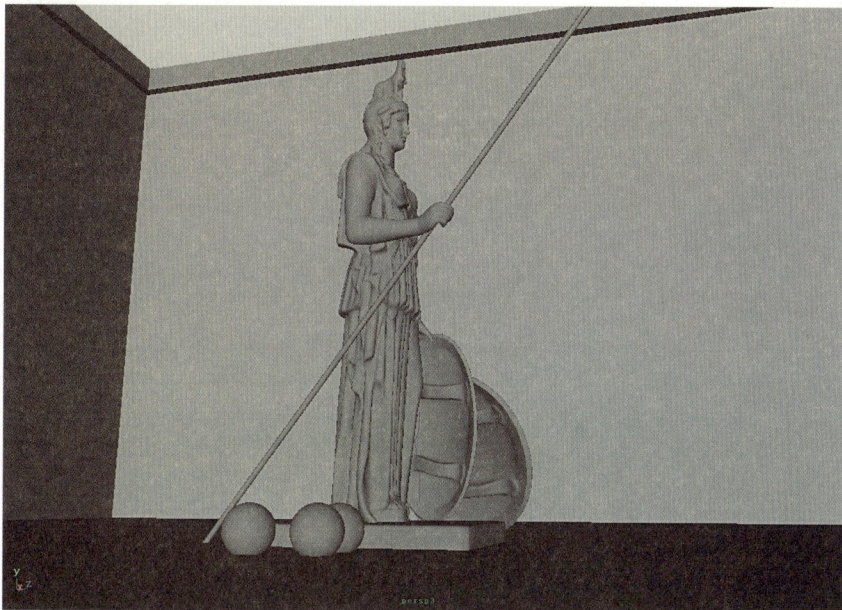

4-27

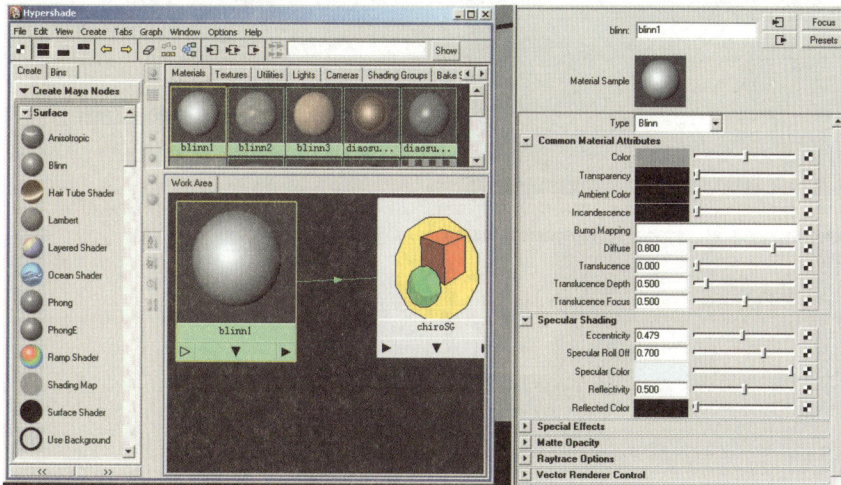

4-28

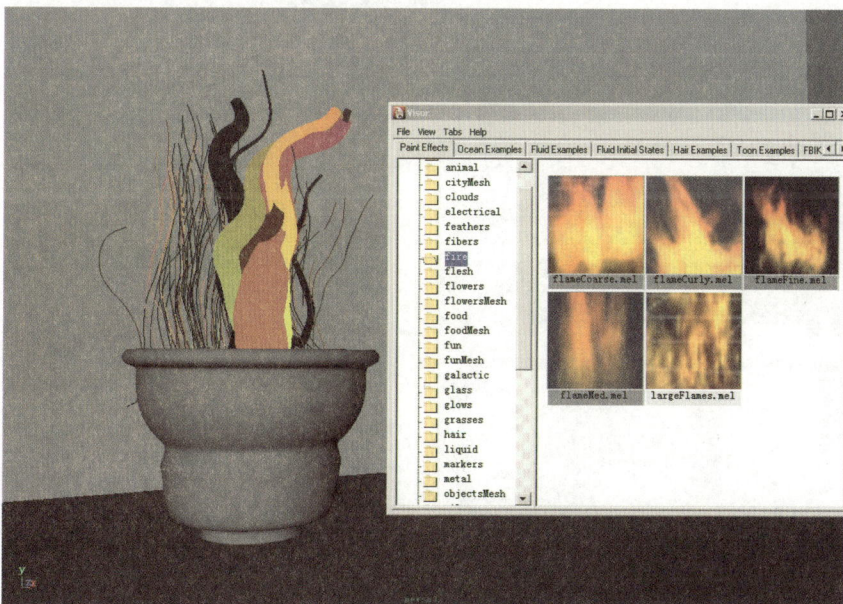

图 4-27　场景文件
图 4-28　材质设置
图 4-29　火效绘制

4-29

（色彩）节点，赋予贴图 Lesson4/filesok/sourceimages/sourceimages/door01L.
jpg 文件贴图。注意贴图坐标的正确性，这张贴图用来模拟墙面的古朴效果，
使其具有一种神秘的感觉。假设有特写的镜头，还要赋予墙面凹凸贴图，
来表现墙面的真实质感和体感。由于墙面物体光线灰暗，这里将不再设置
凹凸贴图。（图 4-30）

（5）继续选择地面，赋予一个 Lambert 材质属性，选择 Color（色彩）
节点，赋予贴图 Lesson4/filesok/sourceimages/dimian.jpg 贴图。此贴图是砖
块做成的，具有很好的表现力。（图 4-31）

（6）这样基本场景设置完毕。接下来要设置灯光效果，目的是：雕像

图 4-30　材质贴图属性
图 4-31　文件贴图

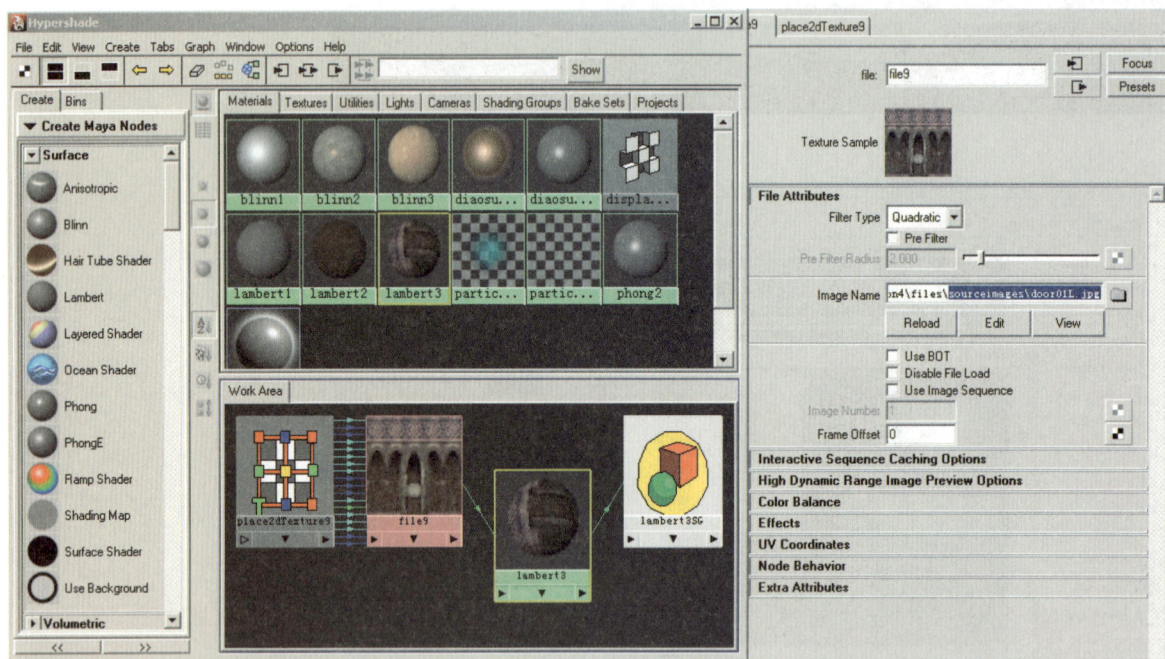

4-30

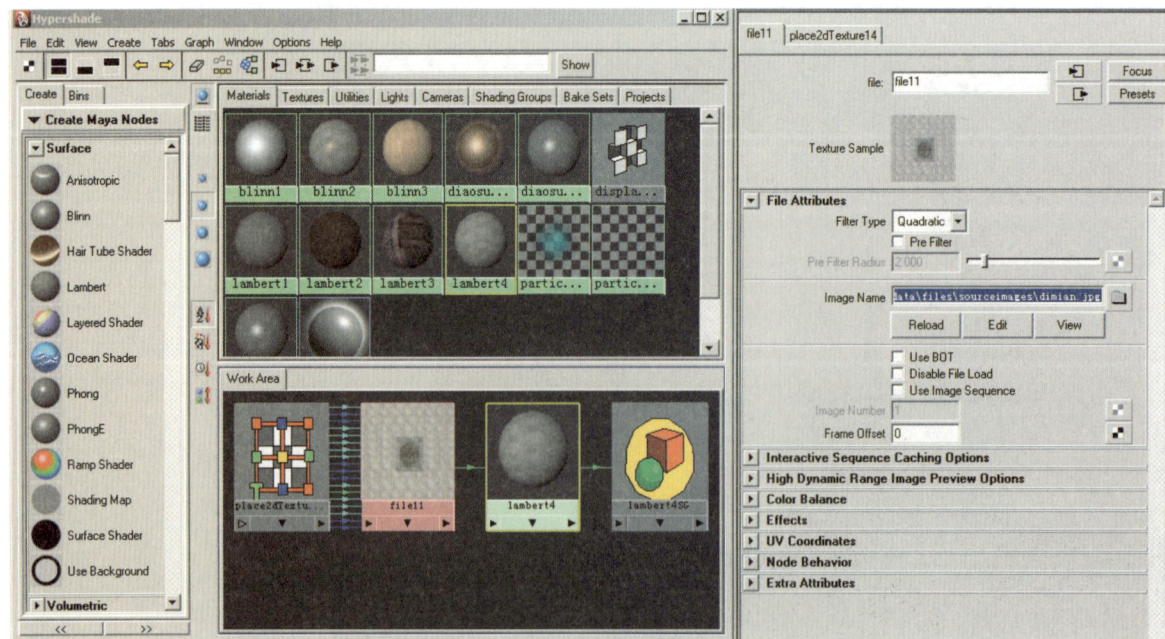

4-31

受到后面火堆的影响呈现出红色调，前面受到自然光的影响呈现出冷色调，现在的场景基本如图 4-32 所示。

（7）下面设置右侧光（右侧副光）。选择一个 Spot Light（聚光灯）作为自然光源，调整 Intensity（强度）为 0.5，Cone Angle（锥形角）为 82，Penumbra Angle（半影角）为 10。选择 Decay Rate（衰竭比率）为 No Decay（无衰竭），Dropoff（衰减）为 1。这样光从右侧面照亮了雕像（图 4-33）。

（8）下面设置主光源（正光源）。选择一个 Spot Light（聚光灯）作为自然光源，调整 Intensity（强度）为 4，我们将作为最亮的一盏光源来建立。Cone Angle（锥形角）为 75，Penumbra Angle（半影角）为 10。选择 Decay Rate（衰竭比率）为 Linear（线性），Dropoff（衰减）为 5。打开 Depth Map Shadow Attribute（打开深度贴图阴影属性），这样光从正面照亮了雕像，且具备了阴影（图 4-34）。

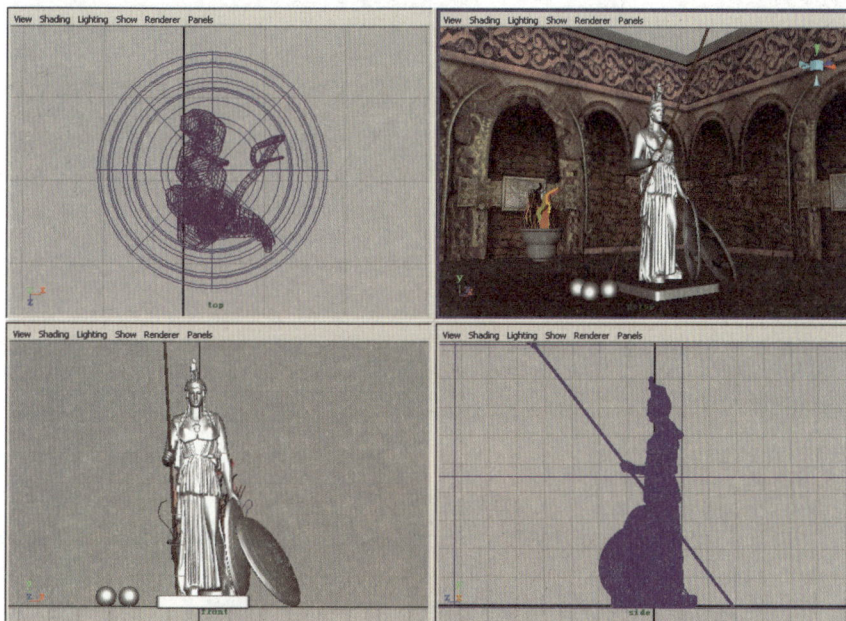

4-32

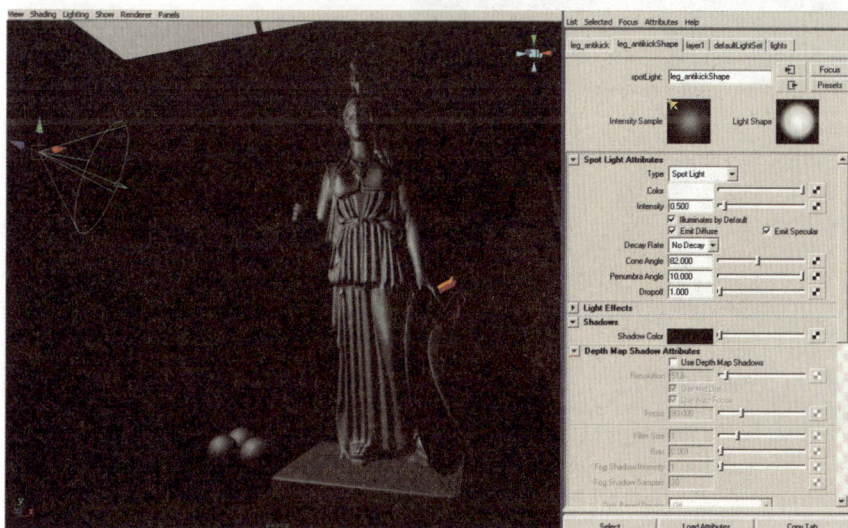

4-33

图 4-32　场景效果

图 4-33　灯光设置（2）

（9）下面设置左侧光（左侧副光）。选择一个 Spot Light（聚光灯）作为自然光源，调整 Intensity（强度）为 0.5，Cone Angle（锥形角）为 75，Penumbra Angle（半影角）为 5。选择 Decay Rate（衰竭比率）为 No Decay（无衰竭），Dropoff（衰减）为 3。这样光从左侧面照亮了雕像（图 4-35）。

（10）我们设置了三盏主要的灯光照明，可能效果不是很完美，所以还

图 4-34 灯光设置（3）
图 4-35 灯光设置（4）

4-34

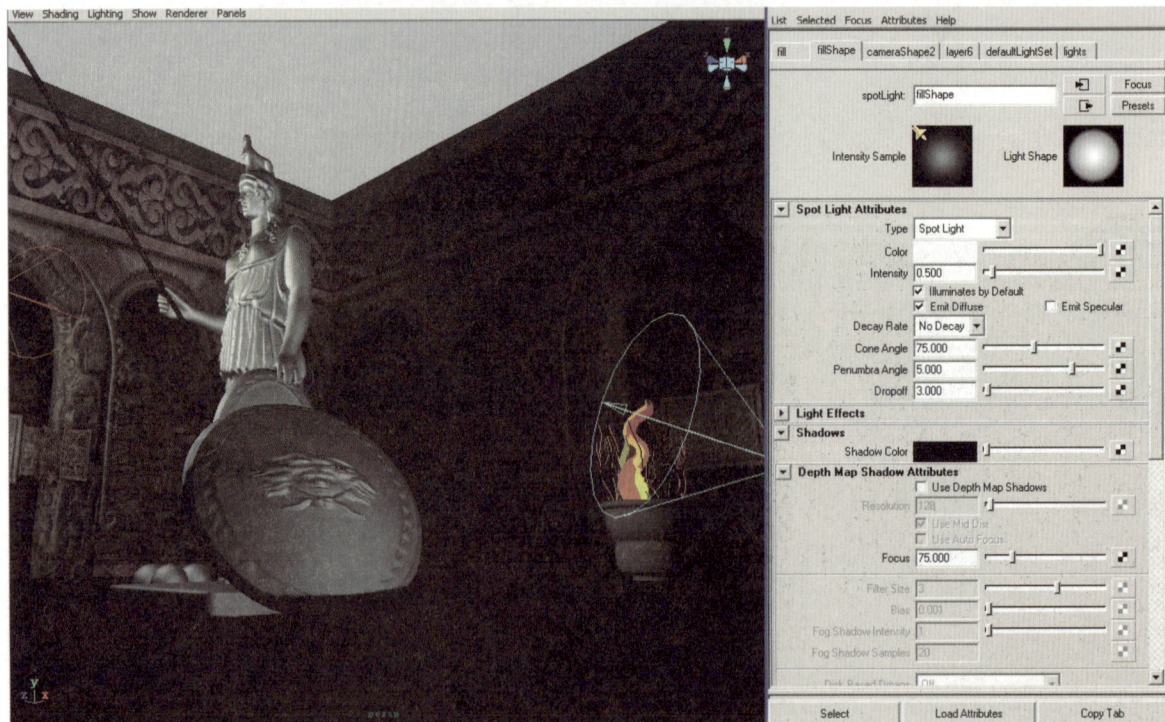

4-35

要通过渲染测试效果，以便下一步设置其他的灯光，结果基本灯光色调还是比较统一的，根据场景需要做出其他的辅助灯光加以补充，最后进行渲染。对自然光的表现，除了对灯光色彩的控制外，还要把握灯光的强度等参数，只要符合自然光照规律即可，注意阴暗面的自然光偏冷色调（图 4-36）。

（11）现在设置雕塑后面的光照效果，我们的意图是在火苗照亮墙面的同时，由于环境的作用，也照亮了雕塑，色调呈红色，这样雕塑的后背光将是暖色的，和前面的光形成对比。由于我们现在的火是用笔刷绘制的，本身不会照亮其他物体，所以还是要用灯光来模拟。

（12）下面设置后背光（火的亮光），选择一个 Spot Light（聚光灯）作为后背光光源，调整 Intensity（强度）为 5，Cone Angle（锥形角）为 92，Penumbra Angle（半影角）为 10。选择 Decay Rate（衰竭比率）为 Linear（线性），Dropoff（衰减）为 115（图 4-37）。

（13）可以通过渲染单帧测试效果，结果基本灯光色调呈红色，这样受火的影响，光从后背映红了雕像（图 4-38）。

（14）用同样的方法，分别用灯光照亮地面和墙面，这样一来，受火的影响，局部范围都受到火光的影响而呈红色基调（图 4-39）。

（15）现在我们的场景灯光基本设置完毕（参考光盘 Lesson4/filesok/scenes 文件中的 diaoxiangok.mb 文件），可以整体渲染一下，选择 Window（窗口）→ Rendering Editors（渲染编辑）→ Render Settings（渲染设置）命令，

图 4-36 灯光设置（5）

size: 1024 768 zoom: 1.000 (Maya Software)

图 4-37 灯光设置（6）
图 4-38 灯光设置（7）

打开 Common（公共面板）中的 Image Size（图片尺寸）中的 Preset（边框
大小）中的 PAL 768，如果想用其他的材质表现雕塑的质感，直接替换即可。
这里我们替换一种铜的材质，一并渲染如图 4-40、图 4-41 所示。

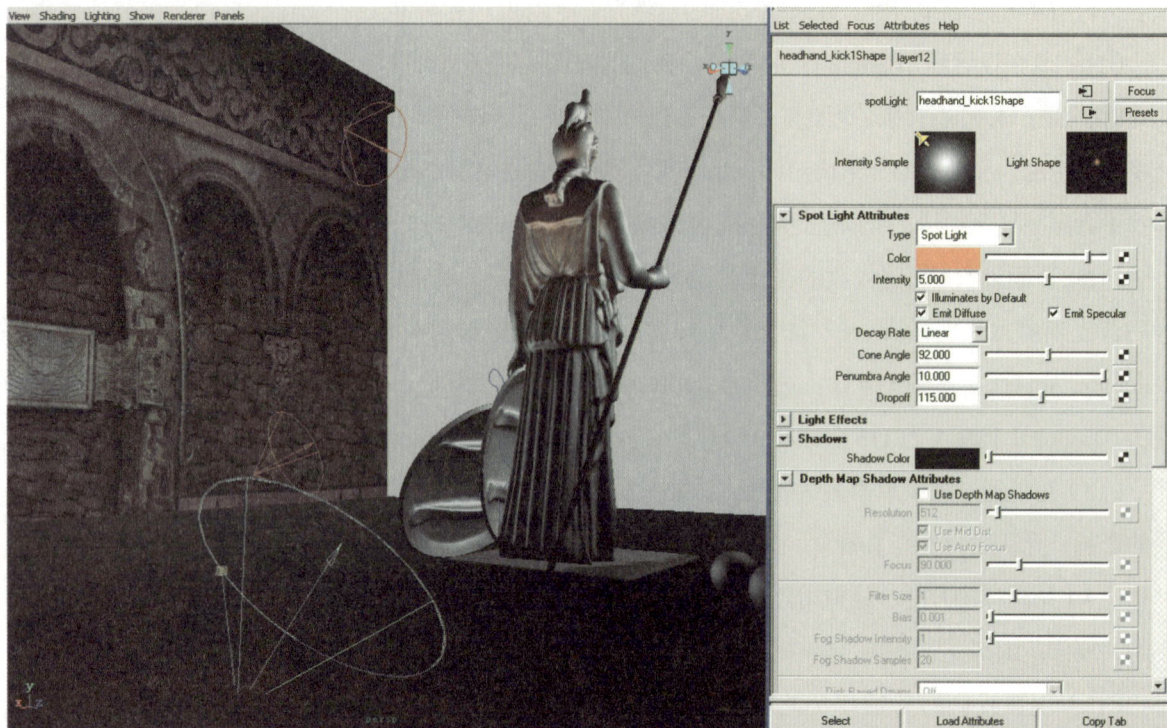

4-37

4-38

图 4-39 灯光设置（8）

size: 1024 768 zoom: 1.000   (Maya Software)

图 4-40 渲染效果（1）

size: 1024 768 zoom: 1.000   (Maya Software)

4-41

图 4-41　渲染效果（2）

本章小结

通过本章的学习，我们初步了解了游戏的场景设计。游戏的场景设计往往能够带给玩家不同的感受。对本章的学习必须多观察、多思考、多练习，才能达到事半功倍的效果。

思考和练习

1. 什么是场景设计？场景设计是如何分类的？
2. 设计一组西方古典游戏场景，要符合游戏的模型标准（12 课时）。

第五章　纹理贴图绘制

第一节　游戏纹理简述

第二节　游戏的纹理绘制方法

第五章　纹理贴图绘制

　　游戏纹理是赋予三维物体的外衣。游戏纹理的绘制是基于二维的，即平面绘制，由于造型结构对游戏角色或者场景的表现能力是有限的，所以，我们用纹理对物体的细节进行补充。作为一名游戏设计师，要根据造型特征和要表现的细节去创造纹理。为了达到所需的效果，为游戏创作纹理需要更多的注意和思考，例如用高分辨率图像制作细节纹理更具有表现力。游戏的纹理贴图依据使用环境的不同而不同，有的使用二维纹理来表现，有的使用三维纹理来表现，创造纹理是游戏设计的重要一课。

第一节　游戏纹理简述

一、纹理的概念

　　纹理是赋予三维物体的外衣。纹理是一个二维的概念，它的元素是用一些颜色值来表示的，具有长和宽的特征，是对位图物体表面粗糙和光滑信息的表述，纹理实际上就是位图所承载的色彩信息（图 5-1、图 5-2）。

　　假设用坐标来表示纹理的话，可以用 X 轴、Y 轴方向来定义，它们分别用 U 和 V 来表示。纹理坐标位于三维空间世界坐标系中，它们和纹理中的（0，0）位置相对应，当我们将一个纹理应用于一个模型时，它的纹理像素的信息必须要映射到对象坐标系中去对应，然后再被平移到屏幕坐标

图 5-1　纹理就是位图所承载的色彩信息（1）

5-1

系或像素位置上来定义纹理，这样就有了物体贴图，三维世界才有了立体的表现方法，很像一个包装的过程，例如飞机的表面贴图如图5-3所示。

二、纹理设计的艺术表现性

我们把每一幅纹理都要作为单独的一幅作品来绘制，把创作意图告诉观众，无论它是表现游戏场景，还是一个角色，都必须把它做成最具真实感的效果。这样，我们的作品才能够精致而完美。有人认为计算机辅助设计与绘画仅仅是一门技术，其实不然。要想制作一个出色的纹理，没有创意的思想和艺术的水平是不可能的。撇开技术上的限制不说，如何选择合适的纹理制作 Maya 中的场景，就是我们应该深入研究的一课。例如选择一张生锈的纹理，作用于汽车造型，会使场景真实而生动（图5-4～图5-6）。

当我们要表达一个游戏视觉主题的时候，需要依据游戏的整体构思和风格。利用好数码相机或其他图像采集设备，去生活中寻找和搜集相关的

5-2

5-3

5-4

图5-2 纹理就是位图所承载的色彩信息（2）
图5-3 绘制的贴图作用于飞机表面
图5-4 三维中表现生锈的车

5-5

图 5-5 三维中表现蒙尘的坦克
图 5-6 三维中表现生锈的油桶

5-6

素材，然后尽全力绘制纹理贴图。在你制作环境中的所有物体，都要符合
该空间的需要，并且非常贴切，这样才可以再现一个真实的虚拟场景。没
有经过整体的策划思考，就把纹理应用到场景中，看上去一定会杂乱无章，
缺乏艺术表现力。设计纹理的时候还要考虑到所表现的风格，是现代主义
还是抽象主义的作品，都是需要全面考虑的重要因素。一个和谐的整体是
由很多纹理构成的，这主要体现在复杂模型上。我们可以拍摄一些地面、
房子、汽车和岩石的真实纹理用于三维场景，把每一幅拍摄来的真实纹理，
当做设计的原始素材进行参照和处理，制作出来的虚拟场景会更加生动逼
真。例如，《凯撒大帝》中大多数场景都是位图表现的结果，视觉表现力较
强（图 5-7）。

前面我们说纹理可以通过采集素材的方式来获取。结合拍摄好的纹理
素材，绘制具有表现力的纹理贴图，综合运用到场景中。优秀的纹理贴图
是要为游戏的整体效果服务的，这样才能把场景效果提高到一个新的境界。
例如，把拆分好的 UV 结构图绘制成角色纹理位图，根据不同的物体绘制
不同的贴图内容，以便用于游戏角色场景（图 5-8～图 5-13）。

5-7

5-8

5-9

图 5-7 《凯撒大帝》场景中的贴
图应用
图 5-8 特种兵纹理贴图
图 5-9 机械战警纹理贴图

5-10

5-11

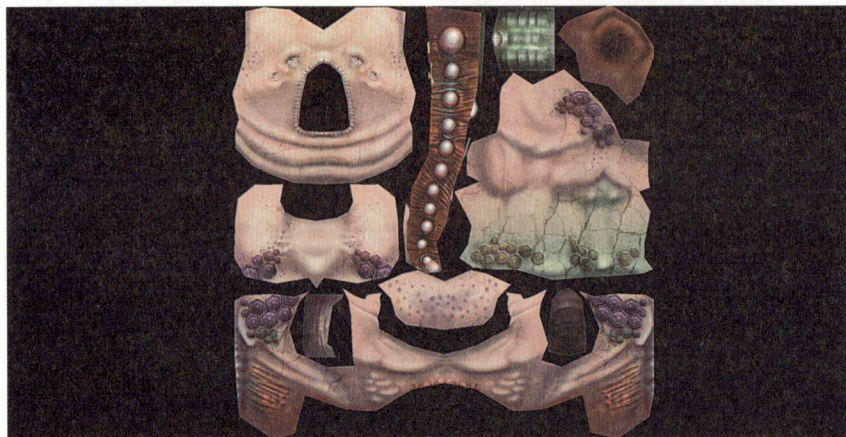
5-12

5-13

图 5-10 法老的纹理贴图
图 5-11 武士的纹理贴图
图 5-12 怪兽的纹理贴图
图 5-13 《魔兽世界》中的纹理
贴图

三、图像文件格式

（一）文件格式的定义

文件格式是指计算机为了存储信息而使用的特殊编码来定义的一种方式，是用于识别内部储存的资料。比如有的储存图片文件，有的存储工程文件，有的储存程序，有的储存文字信息等。每一种文件格式都具有一个或多个扩展名，扩展名可以防止读入无法识别的信息。有几十种不同的文件格式，每一种格式都依据特定的原因来设计和被定义。

（二）图像文件的格式

根据计算机对图像的描述方法，图像分为两种类型，即位图和矢量图。

位图使用像素阵列来表示图像，每个像素的色彩信息由 R、G、B 组合表示。根据颜色信息所需的数据位分为 2、8、16、32 及 64 位图像，位数越高颜色越丰富。位图图像是由像素构成的，即用带有颜色属性的小点来构成整幅图像，分辨率越高，图像越清晰。如图 5-14 所示的两幅图片，左面是分辨率为 300dpi 的图片，右面是分辨率为 72dpi 的图片，显而易见，分辨率对图片的清晰度有着直接的影响。

一个具有印刷质量的位图需要达到 300dpi 的分辨率。在游戏制作中，位图分辨率要根据实际需要来设置，这样才可以提高制作效率。绝对不能一概使用印刷级别的图像来制作场景。

矢量图使用直线和曲线来描述，是由一系列的数学生成的形状和颜色构成的。这些图形的元素是一些点、线、矩形、多边形、圆和弧线等，它们都是通过数学公式计算获得的。矢量图形最大的优点是无论放大、缩小或旋转等，不会像位图一样失真。矢量图和分辨率大小无关。可以画一个圆，然后即使放大 100 倍，图像质量也不会下降。矢量图的另一个优点是它通常占用更小的文件空间，所以矢量图形文件体积一般较小，矢量图能被输入到三维程序中。例如，从 Adobe Illustrator 把矢量的字体输入 Maya，生成建模用的曲线，再用来制作三维模型，是很方便的事情。矢量图的缺点是难以表现丰富的色彩。基于矢量图的软件包括 Adobe Illustrator 和 Macromedia Flash（图 5-15）。

总之，位图是以点阵形式来描述图像信息的，矢量图是数学计算的一种方法，是用一种由几何元素组成的图形信息来描述的。位图文件在有足够分辨率的前提下，能真实细腻地反映图片的层次、色彩，所以适合描述真实的照片；矢量类图像文件的特点是文件小，并且任意缩放不会改变图像质量，适合描述图形图像。在游戏设计中，一般会把矢量图转化为位图进行应用，因为在

5-14

图 5-14　分辨率影响图片的清晰度

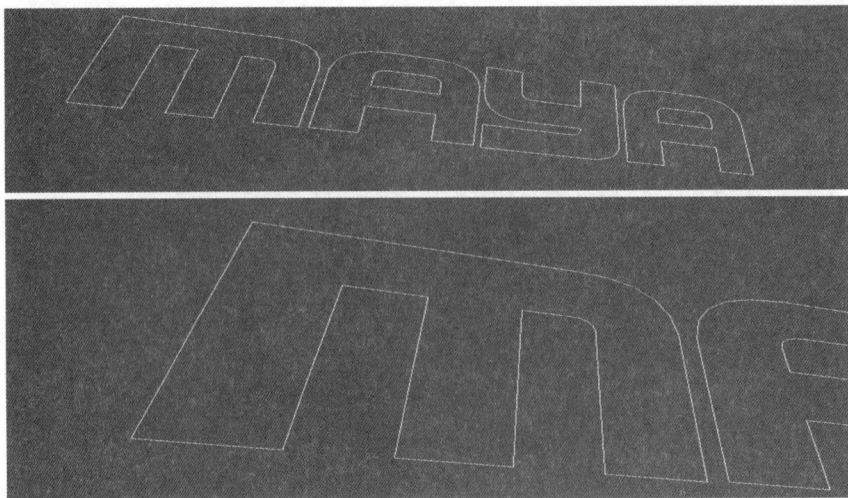

5-15

图 5-15 矢量图大小的对比

三维世界的坐标系中，位图因为其真实细腻的色彩而更具有艺术表现力。

四、纹理的色彩模式

游戏设计中用到的色彩模式，就是我们常说的 RGB 色彩模式。

在自然界中绝大部分的可见光谱，可以用红、绿、蓝三色光的比例和强度混合起来表示。R、G、B 分别代表着三种颜色，它们分别是：R 代表红色，G 代表绿色，B 代表蓝色，RGB 模型通常用于电子视频和计算机屏幕图像编辑等。

RGB 色彩模式像素的 RGB 色彩分配范围在 0~255 之间。例如，纯红色 R 值为 255，G 值为 0，B 值为 0；灰色的 R、G、B 三个值相等（除了 0 和 255）；白色的 R、G、B 都为 255；黑色的 R、G、B 都为 0。RGB 图像只使用三种颜色，就可以使它们按照不同的比例混合，在屏幕上重现 16 581 375 种颜色，是一种普及的色彩模式。

第二节　游戏的纹理绘制方法

一、用 Photoshop 拼贴纹理

在拼贴纹理工作中，为了场景的需要我们不得不亲手制作一些纹理进行贴图，这里例举几种常用的方法供大家参考。

启动 Photoshop 软件，打开一张位图，选择"滤镜"→"其他"→"位移"命令。在打开的对话框中，选择"水平"和"垂直"都可以重新折回图形图像的纹理，通过折回图像使之无缝（图 5-16）。

选择滤镜位移，并在"水平"和"垂直"文本框中分别输入 400 和 300。确认选择"折回"单选按钮，这样将把原始的图像内外翻转，以使边缘能够进行拼接，这样在图像的中心处留下缝隙（图 5-17、图 5-18）。

　　继续选择工具箱中的克隆画笔工具，在缝隙上进行填充绘制，直到将缝隙消除。这一方法适用于很多图像，在游戏贴图制作无缝纹理中经常用到，它使我们可以更容易地控制纹理，以便达到想要的效果（图5-19）。

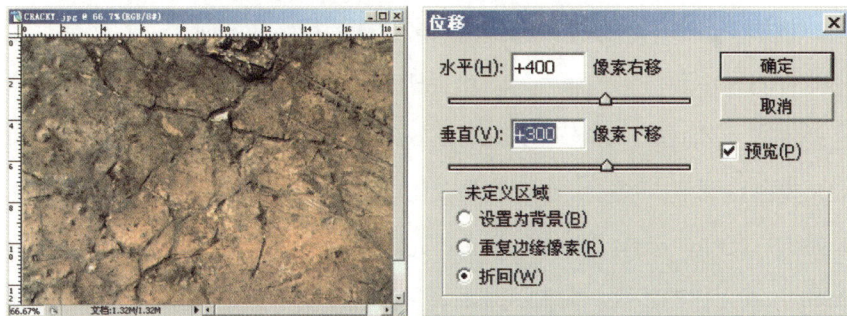

5-16　　　　　　　　　　　　　　　　5-17

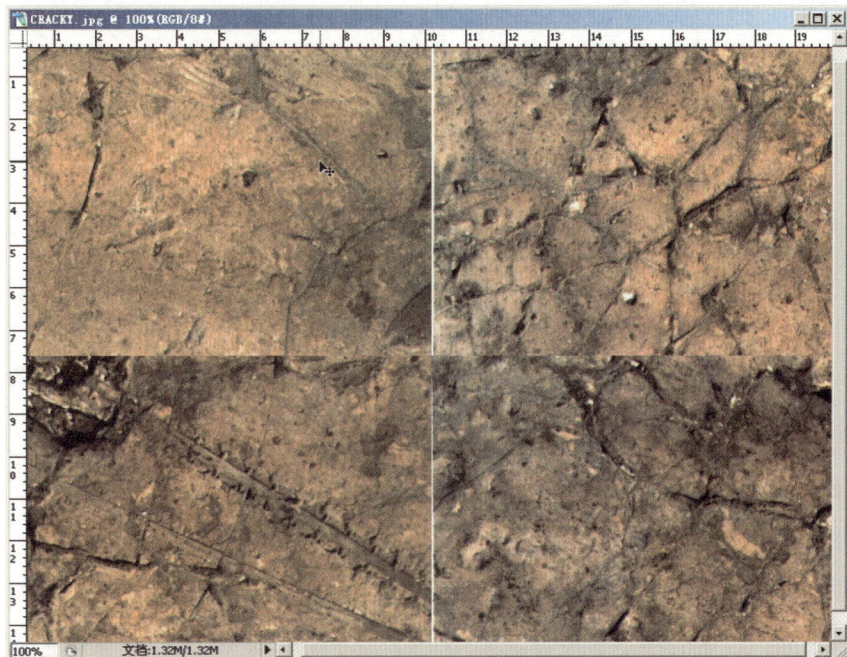

5-18

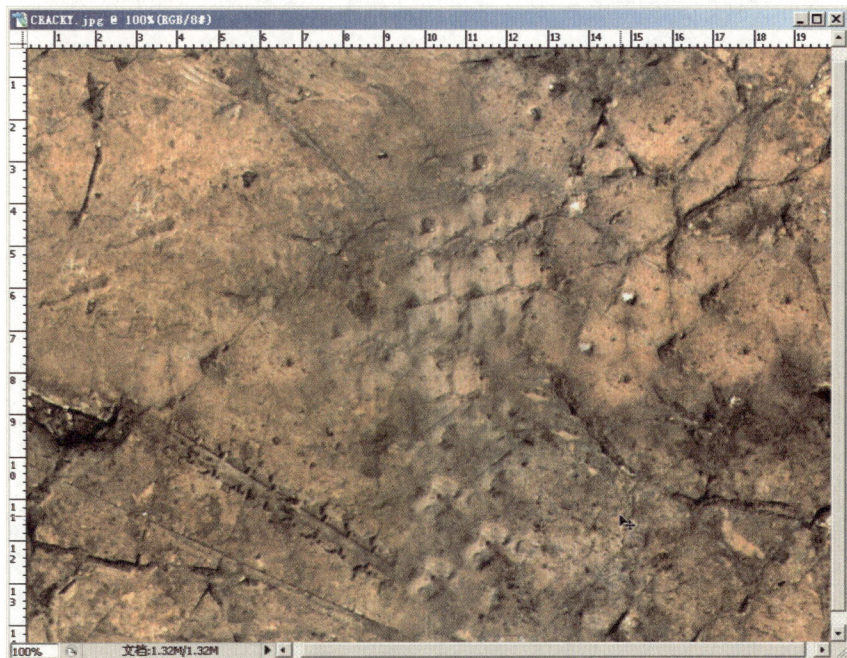

5-19

图 5-16　原始图像
图 5-17　"位移"对话框
图 5-18　位移折回后图像的缝隙
图 5-19　克隆后的图像

二、用 Photoshop 批处理纹理贴图

在需要大量制作游戏纹理贴图的时候，可以采取批处理的方法。使用 Photoshop 中的"动作"命令将是一个非常不错的选择。

例如，当一个物体的贴图是由很多纹理图片组成的时候，需要修改每张图片的大小和色彩的属性等。借助于 Photoshop 的"动作"命令可以快速地完成。"动作"功能可以用于批处理 Photoshop 任何可以被记录的功能，如色彩调节、尺寸大小、效果变化、存储等功能。方法是，打开一个原始图片文件，选择"动作"命令，先建立一个新的动作，即可开始记录 Photoshop 工作的步骤，录制完成后，可直接应用于其他需要相同步骤进行处理的图片（图 5-20）。

三、用图层制作纹理

运用 Photoshop 的图层，可以方便地控制图像。如果需要使用图层，选择 Photoshop 中的"窗口"→"图层"命令（或者按 F7 键），即可打开"图层"面板（图 5-21）。

通俗地讲，每个图层就像是一张含有文字或图形等元素的透明胶片，一张张按顺序叠放在一起，组合起来形成画面的最终效果。图层在平面坐标长和宽中又添加一个具有三维空间的坐标方向。利用图层的透明功能可以将画面上的元素精确定位。图层中可以加入图像文件、表格、特效，也可以在里面再嵌套图层。在实际操作中，使用几十个图层制作一幅图像是很常见的事情。所以，如果没有写好图层标记和把相关图层关联起来，过多的图层会使你的工作变得混乱不堪。PSD 文件常常被视为工作的文件，这样的文件不是直接用来作为纹理使用的，所以文件的大小并不是真正的问题，重要的还是纹理贴图的最终效果。为了提高工作效率，必须使图层有一个叠放顺序。在图层上还可以使用不透明度、混

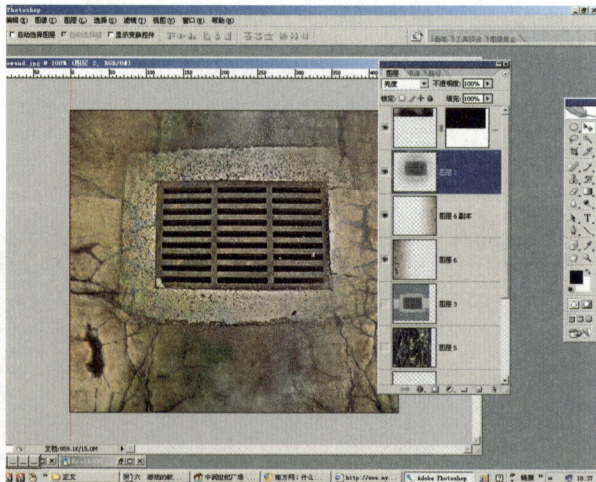

图 5-20　"动作"面板
图 5-21　用图层制作纹理面板

5-20

5-21

合模式等，使你能够细致地混合各个元素，从而得到所需要的图像效果（图 5-22）。

如果想要创作一个游戏中的原野贴图，可以将石料图、木质图、土地图、草皮图等纹理混合在一起。在实际操作中一般都用许多层，通过改变不透明度和蒙板的方法来得到合适的效果。把纹理一层一层摞起来能给图像更多的内容和信息。利用增加图层来混合，能制作出每个游戏场景中的金属的纹理特征，而且能把它们混合起来，得到所需要的最佳效果。图 5-23 是笔者自己制作的一张混合纹理的游戏贴图。

用图层制作混合纹理是一个快捷的方法，但是艺术创作的目的性始终是最重要的，没有审美标准和目的性的一味混合也毫无意义。利用图层制作混合纹理的最终目的是制作真实的纹理贴图，这需要我们找到合适的原始素材，加上自己的绘画功底，并且捕捉到能实现自己意图的细微之处。最后，你将会发现，游戏世界中真实而迷人的纹理贴图，原来就是这样制作出来的（图 5-24）。

四、用 Alpha 通道设置纹理

Alpha 通道是对灰度图像的表述，它具有 32 位图像和 8 位图像的信息内容。白色的 Alpha 像素用以定义不透明的彩色像素，而黑色的 Alpha 像

图 5-22　用图层制作纹理
图 5-23　用图层制作混合纹理贴图
图 5-24　《凯撒大帝》中的纹理应用

5-22

5-23

5-24

素用以定义透明像素，黑白之间的灰阶用来定义半透明像素。灰度是介于黑和白之间的色彩。TIF、TGA、IFF 等格式都支持 Alpha 通道信息。打开 Photoshop 的通道面板，你会发现，在色彩通道的下面，第五个通道就是 Alpha 通道（图 5-25）。这个特殊的 Alpha 通道只能用白色和黑色表示，但可以由任意值的灰度组成。当保存一幅图像时，这些额外的 Alpha 通道信息会嵌入图形信息，而且这个信息似乎有无穷多的用途，是一个极为有力的纹理设计工具。例如存储选择区、混合纹理、高光反射、反射置换、自发光、遮罩、制作透明贴图都可以用到通道，以下就凹凸置换贴图、透明贴图作一简单说明。

（一）凹凸与置换贴图

凹凸贴图用于定义深度的灰度信息，暗的区域表示凹下，亮的区域表示凸起。凹凸与置换贴图在游戏中是经常用到的，在 Maya 中制作山脉就是这个道理。当前许多游戏都用凹凸贴图来模拟很复杂和细节化的表面，特别体现在三维制作中，例如制作地板、机器纹理等。凹凸贴图制作出来的图像会有不同层次高度的错觉。每个像素的法线值根据艺术家创作的贴图来调整，从而给人以凹凸不平的错觉。为游戏引擎采用一种置换贴图进行凹凸表现是最贴切的一种方法。这里我们绘制一张黑白图片，通过明暗

图 5-25 Photoshop 中的 Alpha 通道

区域来模拟凹凸出来的山脉，如图 5-26、图 5-27 所示。

凹凸贴图在 Maya 中表现也是基于黑白凹凸原理，只需在色彩节点和凹凸节点直接使用贴图即可，暗的区域表示凹下，亮的区域表示凸起（图 5-28～图 5-30）。

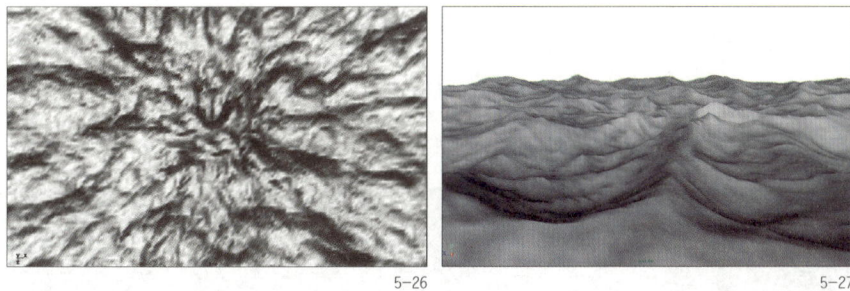

5-26 5-27

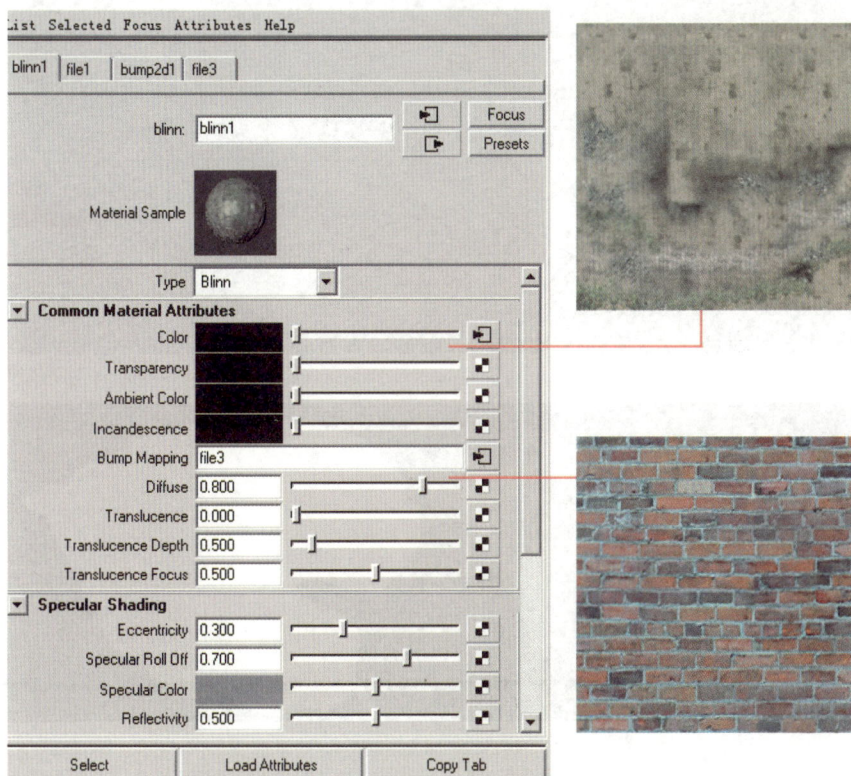

5-28

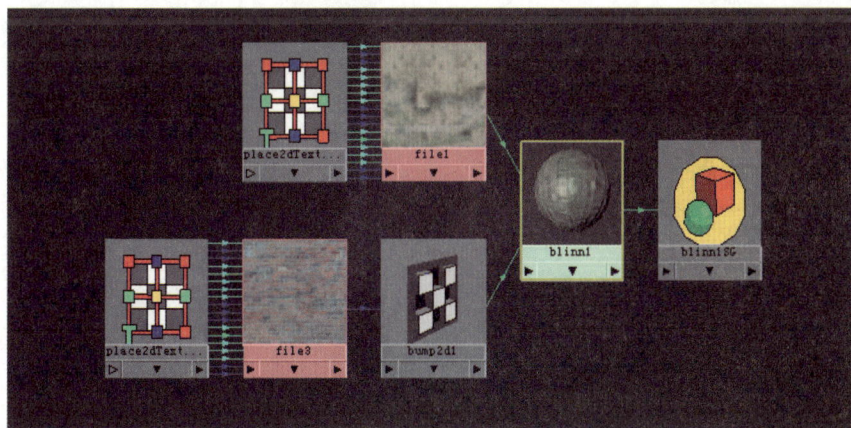

5-29

图 5-26　置换的黑白图片
图 5-27　置换的山脉
图 5-28　凹凸贴图在 Maya 中的属性对话框
图 5-29　凹凸贴图在 Maya 中表现节点

（二）透明贴图

透明贴图是游戏应用中经常用到的，透明贴图赋予了游戏一个透明的通道信息，在 Maya 中用 Alpha 透明化，就可以得到一个新的三维世界中的虚拟物体，因为它能提供一些细节和效果的假象；如果不这样做，就会消耗大量的内存。例如，表现树叶、雕塑等。在 Maya 中，透明贴图的使用原理可以分析为：黑色为透明，白色为不透明。透明贴图在 Maya 中表现也是基于黑白透明原理，只要在色彩节点和透明节点直接使用贴图即可，参见如图 5-31~图 5-33 所示的透明贴图。

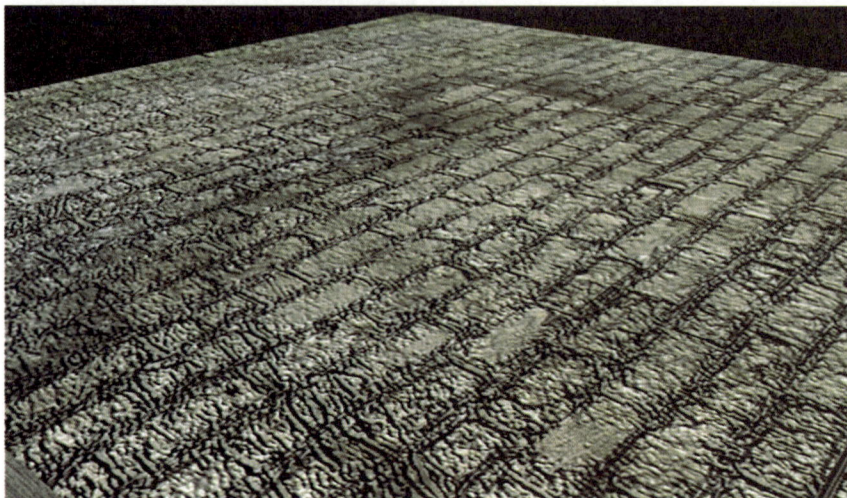

5-30

5-31

5-32

图 5-30　凹凸地面渲染效果
图 5-31　制作的树叶透明贴图效果（1）
图 5-32　制作的树叶透明贴图效果（2）

有时还可以利用Photoshop的通道来嵌入一个通道，这个通道就是我们经常说的Alpha通道，目的是用软件来调用Alpha信息来做透明化处理。这样就会被三维软件直接使用。如果图像的Alpha信息是黑色，那么它将完全透明。Alpha信息在三维软件中输出对后期合成是很有帮助的。图5-34所示为利用Photoshop来直接嵌入一个通道。

五、在Maya中制作纹理贴图

Maya Paint笔刷是比较优秀的，可以绘制两维的贴图纹理，也可以直

5-33

5-34

图5-33 透明贴图制作的树叶最终
效果

图5-34 Photoshop 直接嵌入 Alpha
通道

接在模型上绘画。附加的 Maya Paint Effects 笔刷，使用毛发功能所创建的效果非常好，例如可动的草、树木、羽毛、火效，只要把任何一个 Paint Effects 笔刷附加到毛发系统即可。这里针对 Maya 笔刷简要说明一下二维的纹理绘制。

首先启动 Maya 软件，打开 Paint Effects（笔刷效果）窗口（快捷键按 8），从中选择 Paint Canvas（画布），这样结合 Visor 窗口就可以自由绘制贴图了。绘制之前要调节笔刷的大小，可以按 B 键来约束笔刷的大小范围（图 5-35、图 5-36）。

选择 Window（窗口）→ General Editors（常用编辑）→ Visor（绘画面夹）命令，打开的窗口中有很多现成的笔刷，根据情况使用相应的笔刷效果然后保存即可（图 5-37、图 5-38）。

图 5-35　选择画布命令
图 5-36　打开画布面板
图 5-37　打开笔刷列表选择一个
笔刷

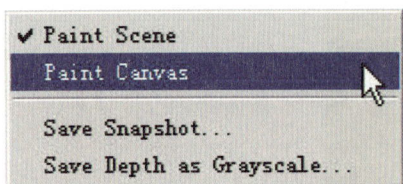

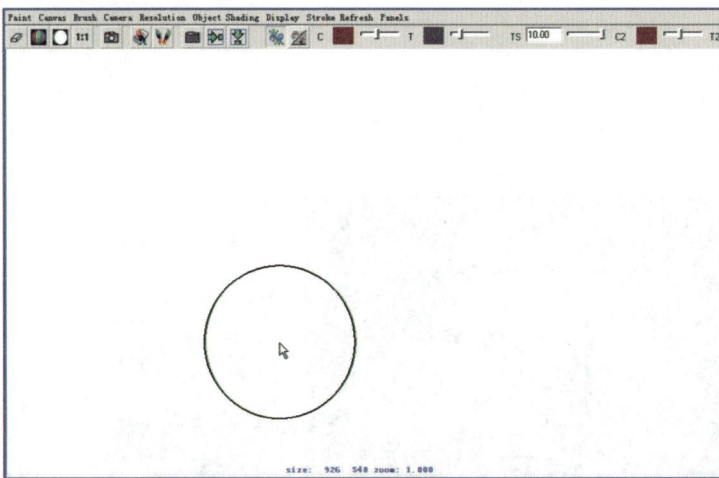

5-35　　　　　　　　　　　　　　　　　　　　　　　　　　　5-36

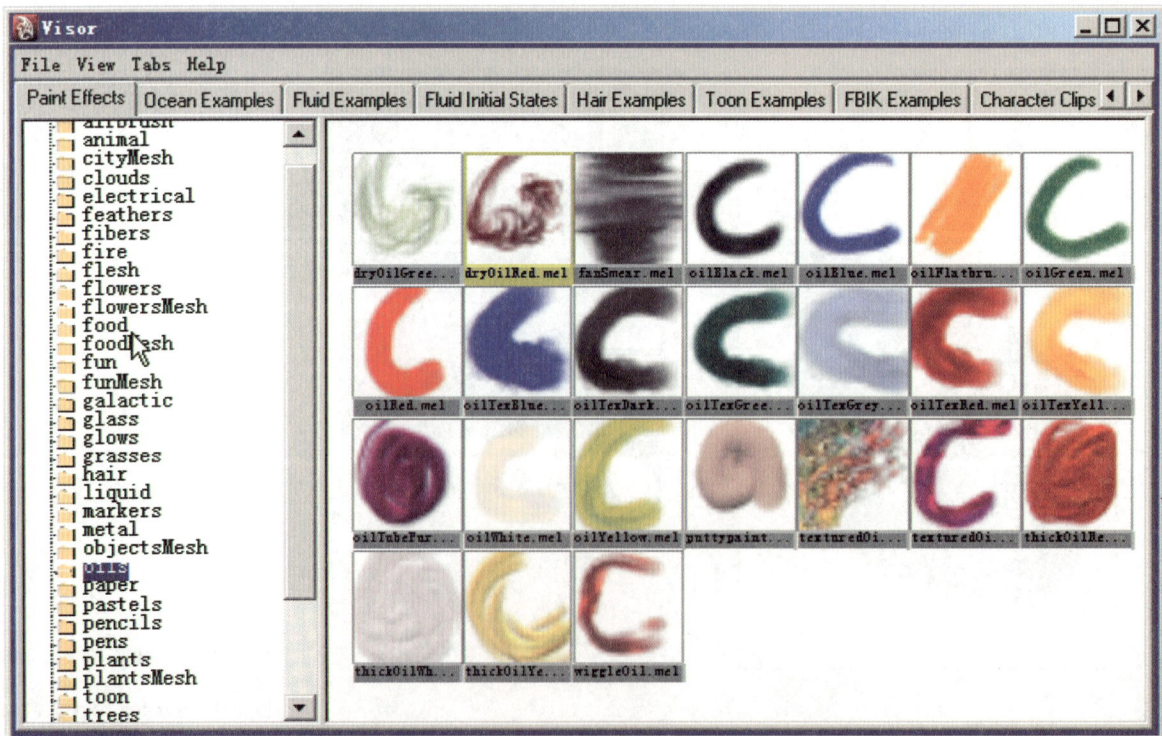

5-37

六、角色 UV 贴图的绘制

UV 贴图是计算机图形图像学中的术语。视图中的 X 轴、Y 轴、Z 轴（长宽高）坐标用来描述空间位置，而 UV（长宽）用来描述贴图的位置，因为贴图是平面的，UV 贴图用来表述与几何形体的具体对应的关系，是一种映射原理的结果。深刻理解 UV 贴图的分配及应用原理，是初学者很重要的一个学习课题。对于角色的 UV 分法，下一章作具体讲解，这里不再叙述。

对于角色 UV 贴图的绘制，利用 Photoshop 工具中的涂抹、刻章、套索选择、锐化、钢笔路径等功能，就可以绘制得很好。游戏中的纹理贴图，需要更多的细节描绘，表现角色的形体结构和肌肉等细节是经常的事情，所以，必须对人物的形体结构有深入的了解，多练习素描速写，打下坚实的基础。

游戏的纹理贴图依据使用环境的不同而改变，请认真学习下一章的内容后，参考如图 5-39、图 5-40 所示的角色 UV 贴图，自己进行绘制练习。

5-38

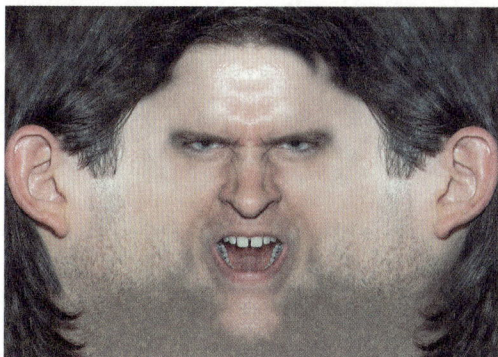

5-39

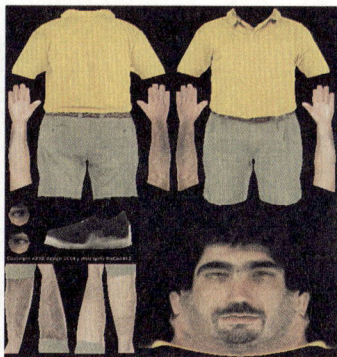

5-40

图 5-38　绘制纹理
图 5-39　角色头像纹理绘制
图 5-40　角色男性服饰纹理绘制

本章小结

通过本章的学习，我们初步了解了游戏纹理的概念。游戏纹理是赋予三维物体的外衣。游戏纹理的绘制是基于二维的，即平面绘制。由于造型结构对游戏角色或者场景的表现能力有限，所以，我们用纹理对物体的细节进行补充。

思考和练习

1. 理解纹理的概念。

2. 图像文件的格式有哪些？

3. 根据 UV 划分，绘制一张人物角色 UV 贴图。

第六章　分配 UV 与贴图实践

第一节　理解 UV 的概念
第二节　贴图案例实践

第六章　分配 UV 与贴图实践

　　游戏的 UV 贴图是基于三维坐标系的，一切模型都是建立在 UV 分配好的基础之上，研究 UV 的概念原理和 UV 的分配使用以及拆分技巧，是这一课题的主要内容。UV 映射有它的技巧和逻辑性，也是一种艺术表现手段，通过这种手段可以制作出游戏世界中的任何的视觉画面。

第一节　理解 UV 的概念

一、什么是 UV ？

　　在三维动画制作之前，对角色 UV 的分配是很重要的一个环节，我们经常谈起 UV 分配的问题，那什么是 UV 呢？

　　狭义地讲，UV 主要是指多边形中的一个元素，同时又是确定二维纹理坐标点的长宽位置，它控制纹理在模型上的对应关系（一个 UV 点定义一个顶点），模型上的每个 UV 点直接依附于模型上的每个顶点进行对位，就是将图像上每一个点精确对应到模型物体的表面。如图 6-1 是在平面（正交视图）上定义长宽位置，图 6-2 是在透视（相机视图）中定义长宽位置。

　　位于某个 UV 的像素点将被放置在模型这个 UV 所依附的顶点之上进行映射，每个 UV 是依附于三维顶点的，映射的过程通俗地说完全就像一个投射影像一样，基本就是把平面的纹理放置在三维空间的坐标系中。

图 6-1　二维纹理的坐标点的平面图表示
图 6-2　二维纹理的坐标点的透视图表示

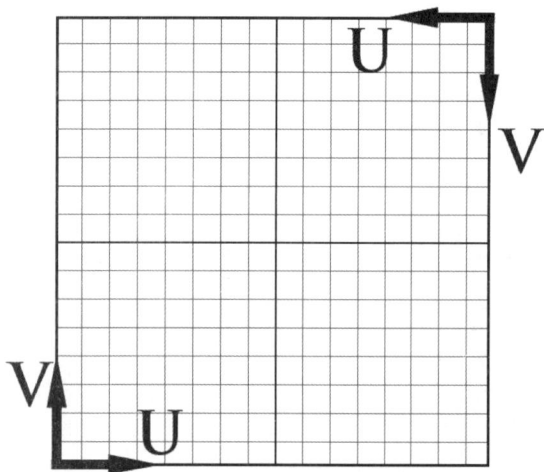

6-1

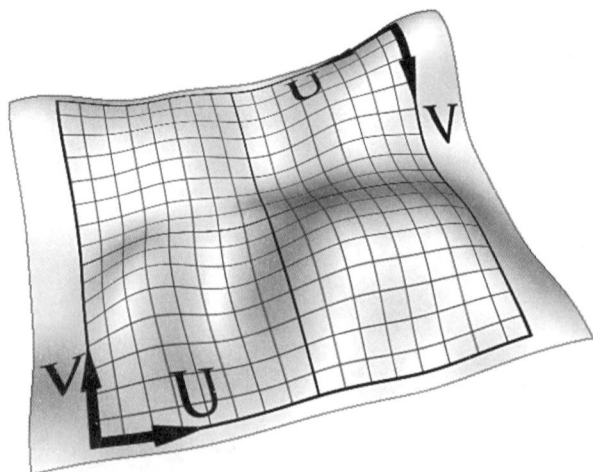

6-2

二、什么是 UV 坐标?

UV 坐标具体指的是 UV 纹理贴图坐标,它定义了图片上每个点的位置和信息,这些点与三维模型是相互联系的,以决定表面纹理贴图的位置的正确性(图 6-3)。

在 Maya 中,当建立好的物体要想选择多边形坐标映射,可以选择Polygon(多边形)模式下 Create UVs(建立 UVs)映射命令。如果说 UV 在模型上坐标表述是正确的,那么在 UV 坐标系中就是 U 对应 X(贴图的水平方向),V 对应于 Y(贴图的垂直方向),UV 控制纹理在模型上的对应点的关系,它定义二维纹理的坐标,这是 UV 正确的表达方式。

客观地讲,UV 是基于平面二维坐标的,UVW 是基于世界三维坐标的,这里的 W 是指深度。UV 坐标用来确定贴图的像素点在表面分布的对应方式,使得贴图和模型投射有一个交互的互动关系。在工作中,当我们将一种纹理应用到几何模型时,是把一个二维的图像包裹在三维的模型的周围,它通过选取模型顶点中的每个位置来告诉计算机在三维空间中将纹理放置在模型的某一个位置,这个位置对纹理来说,被称为纹理空间,在 0~1 的范围内定义空间。

在制作过程中,经常要用棋盘格贴图来检验模型的 UV 是否正确,因为这样的检测比较直观和容易被掌握。当模型的 UV 布局满意时,就把这个信息保存下来,以备下一步贴图使用,便于以后直接赋予纹理贴图。

操作步骤如下。

(1)建立一个壶的模型,进行测试(图 6-4)。

(2)在 Photoshop 中绘制一张棋盘格纹理贴图,保持纹理贴图的均分效果,用来检测纹理在模型中是否拉伸、是否膨胀等(图 6-5)。

(3)必须在分配模型 UV 是正确的前提下,才能检测 UV 纹理坐标的正确性。这对于编辑 UV 是很重要的,有利于提高贴图效率。本模型可以采用多种映射方法进行 UV 整理(参考以下章节内容进行制作)。

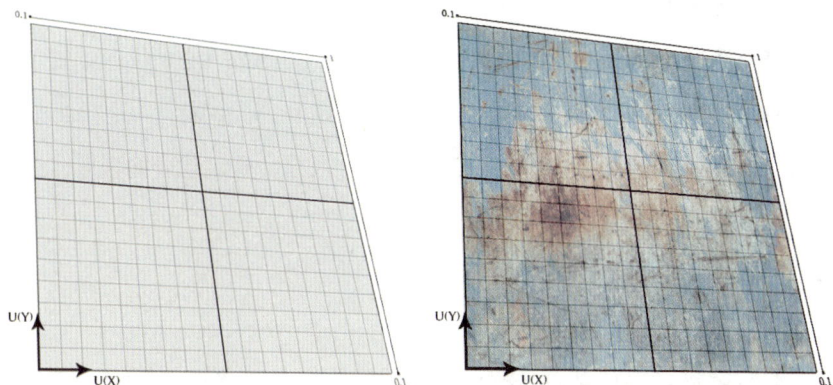

图 6-3 二维纹理的坐标点的透视表示

6-3

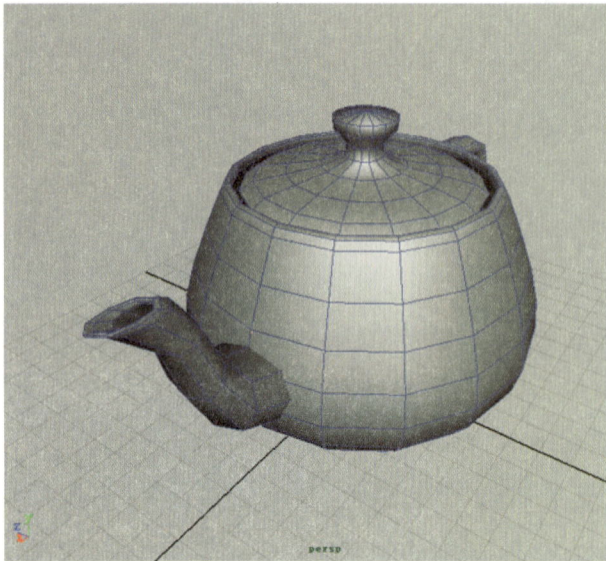

6-4

6-5

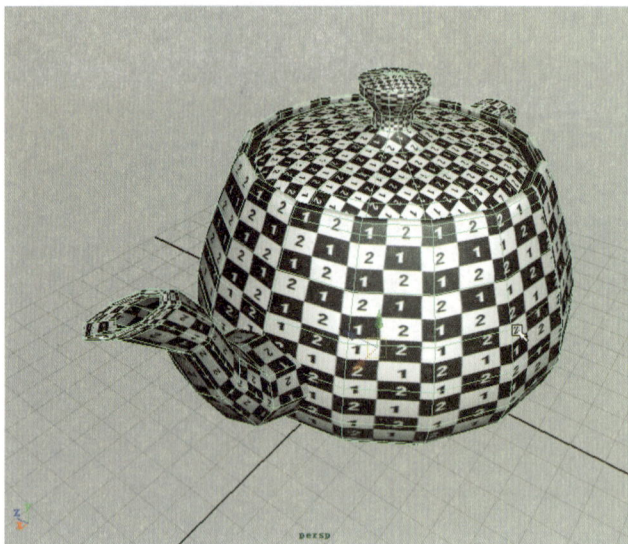

6-6

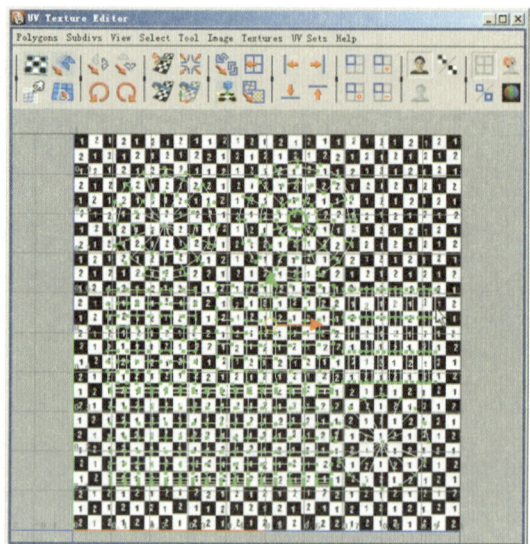

6-7

图 6-4　简单壶的模型
图 6-5　纹理贴图的均分效果
图 6-6　赋予场景中的物体
图 6-7　UV 的对位效果

（4）选择 Rendering Editor（渲染编辑）→ Hypershade（超级材质编辑器）命令，选择一个 Lambert 材质，然后在该材质的 Color（色彩）节点上选择 Image name（图像名字），拾取绘制的棋盘格纹理贴图，赋予场景中的物体（图 6-6）。

（5）选择 Window（窗口）→ UV Texture Editor（UV 纹理编辑）命令，打开 UV 编辑对话框查看纹理，视图中在 U V 方向的标注 0.1，0.2，0.3，0.4，…，0.9，可以帮助保持坐标方位的大小尺寸，确定想要的坐标，这样就可以编辑最后的棋盘格纹理贴图了（图 6-7）。

三、UV 坐标的投影方式

通常给物体纹理贴图坐标最标准的方法就是以平面、圆柱、球形坐标方式投影贴图，下面简单分析一下这几种方式。UV 映射是可以选择 Polygon 模式下 Create　UVs（建立 UVs）映射命令，下面有四个映射命令，分别是 Planar Mapping（平面映射）、Cylindrical Mapping（圆柱映射）、Spherical Mapping（圆球映射）、Automatic Mapping（自动映射）命令。

（一）Planar Mapping（平面映射）

平面映射是最基本的投影类型，平面投影方式是将图像沿 X、Y 或 Z 轴直接投影到物体上。这种方法使用很广泛，例如制作游戏地面、建筑房屋等。平面投影的缺点是如果表面不平整，或者物体边缘弯曲，就会产生不理想接缝和变形。要避免这种情况需要创建带有 Alpha 通道的图像，来掩盖周围的平面投影接缝。而这是非常烦琐的工作，所以不要对有较大厚度的物体和不平整的表面运用平面投影方式，对于立方体可以在各个方向分别进行平面投影，但是要注意边缘接缝的融合，或者采用无缝连续的纹理制作方法（参考第五章），平面映射就是平面纹理作用于平面多边形投影的结果（图 6-8）。

当你走进电影院的时候，看到放映机投射到屏幕上，这样我们就看到了图像。如果我们用一张破旧的贴图制作一个水泥板，就是采用类似的方法。游戏场景中经常能看到这类的图像，这就是我们可以使用的投影类型。在制作水泥板的场景时，必须通过映射贴图的方式将贴图的 UV 坐标投射到多边形表面，创建一个 0 ~ 1 的二维 UV 坐标系统，以正确表现平面映射的信息。

操作步骤如下。

（1）打开 Maya，选择 Create（建立）→ Polygons Primitive（多边形元素）→ Plane（平面）命令，绘制一个平面，然后把通道栏中的 Plane（平面）→ Inputs（输入）→ Division Width（宽的划分）和 Division Width Height（高的细分）设置成 18（图 6-9）。

（2）选择工具箱中的选择软化更改工具，在平面上单击，使平面有一些凹凸不平的感觉。因为游戏中的场景不全是平的，有的可以自由体现凹凸变化（图 6-10）。

（3）在 Polygons（多边形）模式下，选择 Create UVs（建立 UVs）→ Planar

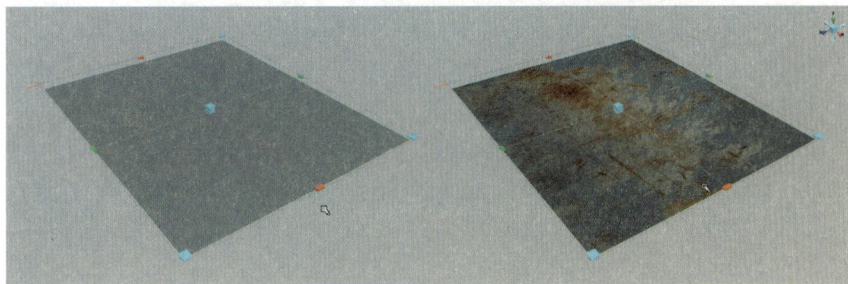

图 6-8　平面映射纹理坐标系

6-8

Mapping（平面贴图）命令，在打开的属性面板中选择 Project from Y（映射 Y 轴）建立平面映射坐标（图 6-11）。

（4）选择 Window（窗口）→ UV Texture Editor（UV 纹理编辑）命令，查看纹理坐标，然后选择 Polygons（多边形）→ UV Snapshot（UV 快照）命令，

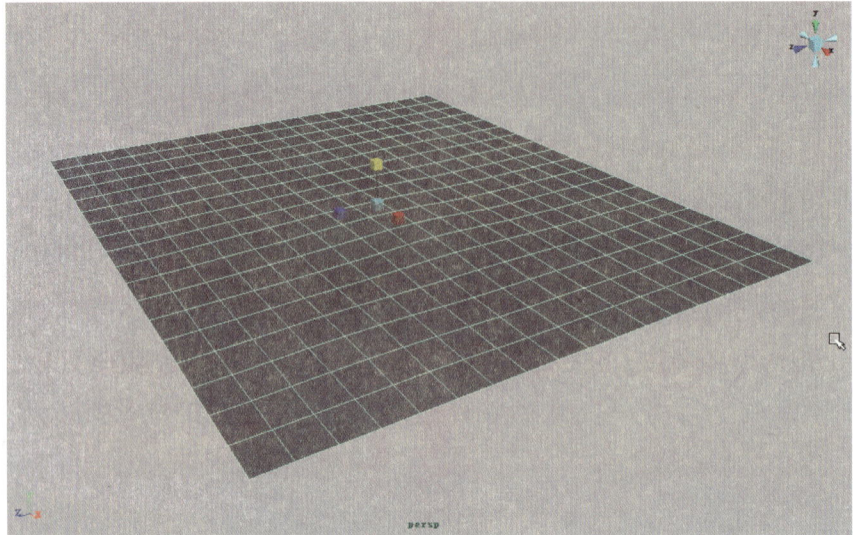

6-9

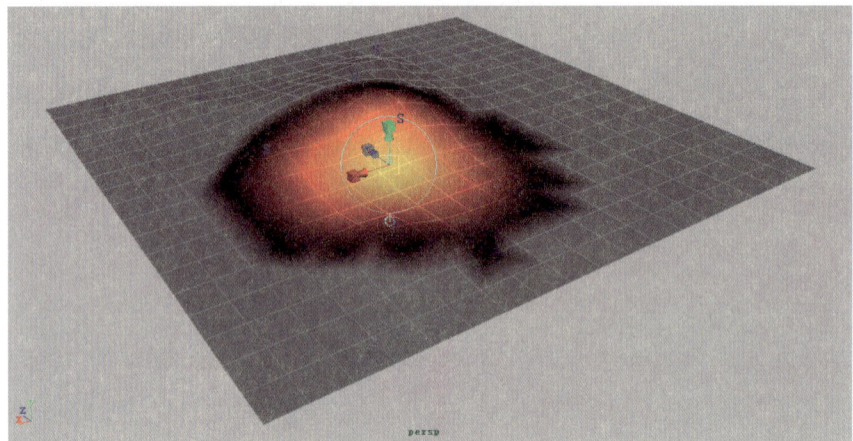

6-10

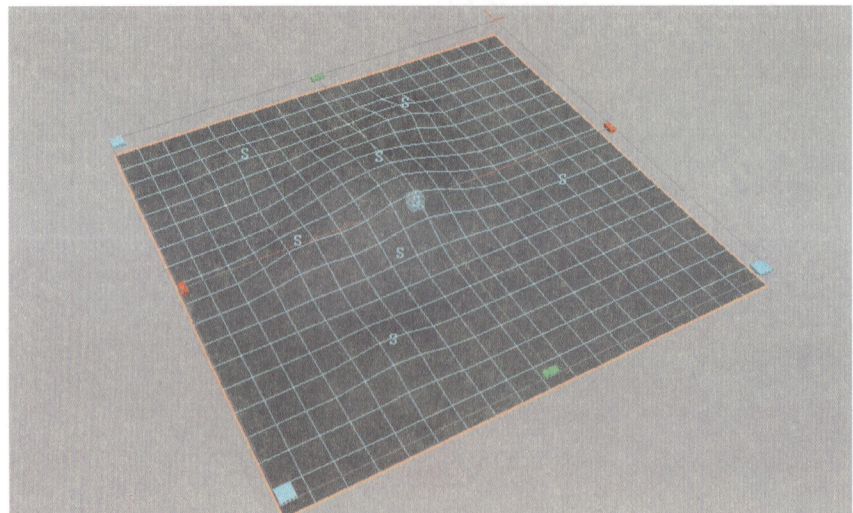

6-11

图 6-9　绘制一个平面
图 6-10　选择工具箱中的软化更
改工具涂抹显示
图 6-11　建立 UVs 映射

输出选择的线框（图6-12）。

（5）接下来的工作就是在Photoshop中绘制纹理贴图，准备赋予场景纹理（绘制纹理贴图的方法参见第五章）。图6-13为绘制完成的纹理贴图。

（6）选择Rendering Editor（渲染编辑）→Hypershade（超级材质编辑器）命令，打开超级材质编辑器面板；选择Lambert（兰伯特）材质，然后在该材质的Color（色彩）节点上选择Image Name（图像名称），拾取绘制的这张纹理贴图，赋予场景中的Planar（平面）物体，最后渲染效果（图6-14、图6-15）。

制作地表、房屋等具有平面性质的物体都可以使用这种方法。在战争游戏场景的制作中，也经常需要把一张绘制好的纹理贴图赋予平面充当虚拟的地表。当然，绘制贴图也是很重要的一个步骤，如图6-16所示的游戏画面截屏就是依据平面贴图原理制作出来的，给人的感觉很真实。

立方体映射和平面映射的道理是一样的，它要在立方体六个面的法线方向上投影平面图。立方体有6个面，所以一般要平面映射6次，如果在应用场景中只看到前面的两个面，只需投射两次即可。图6-17～图6-19所示的房屋与箱子，都是平面映射的结果。

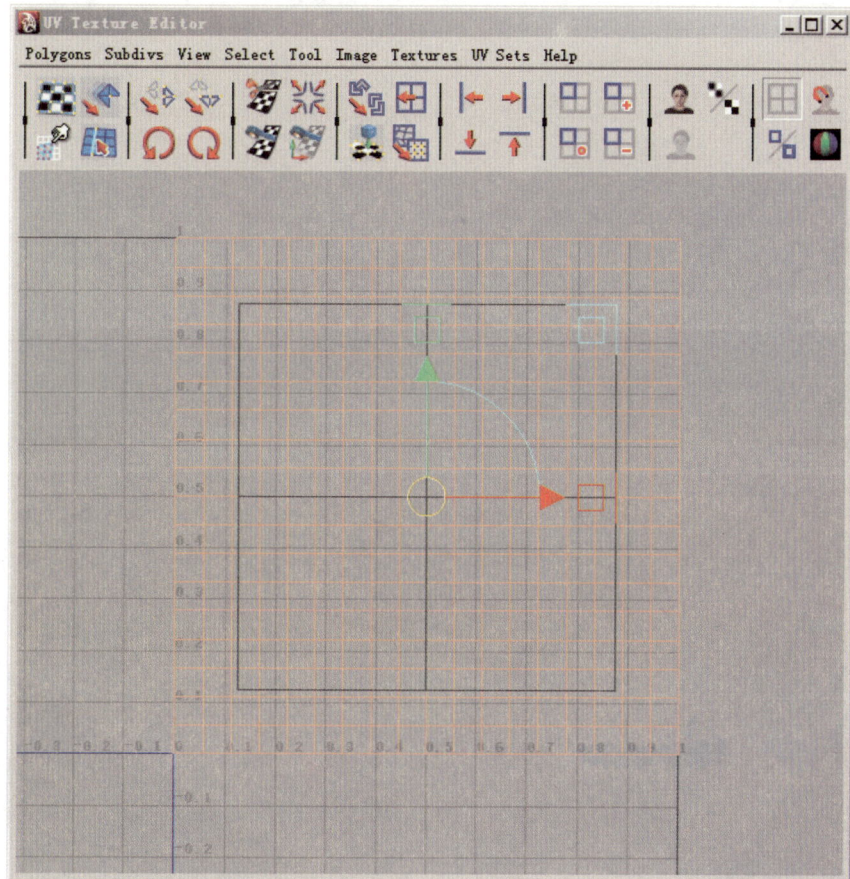

图6-12 输出选择的线框

6-12

6-13

6-14

图 6-13 绘制纹理贴图
图 6-14 贴图赋予场景 Planar
物体

6-15

6-16

图 6-15　应用于游戏场景
图 6-16　游戏场景的制作效果

（二）Cylindrical Mapping（圆柱映射）

　　圆柱投影并不像一个平面那样容易想象，但它应用的方式很简单。圆柱体也是很常见的几何形体，例如易拉罐、水桶、酒瓶、柱子等。显然，最适合使用这种投影类型的是那些符合圆柱形状的物体。

6-17

6-18

6-19

图 6-17　立方体表面映射图例
图 6-18　立方体表面映射测试
图 6-19　立方体表面映射的最后
渲染效果

　　使用圆柱映射来制作一个游戏场景，如果模型的原因造成 UV 的 U 向
有严重的拉伸，可在完成 UV 映射之后，在 Channel box 中把 RotateY 的
值改为 0.00。圆柱体就是圆柱映射作用与圆柱多边形投影的结果，这在游
戏设计制作中都有体现。图 6-20、图 6-21 就是在圆柱几何体上赋予了
Cylindrical　Mapping（圆柱映射）命令制作的游戏场景。

　　圆柱投影实际上是把一个平面贴图包裹在圆柱体的四周。下面制作一
个简单的场景。

　　操作步骤如下。

　　（1）打开 Maya 软件，选择 Create（建立）→ Polygons Primitive（多
边形元素）→ Cylinder（圆柱）命令，绘制一个烟囱，然后把通道栏中的

6-20

6-21

图 6-20　圆柱映射图例
图 6-21　渲染的效果

Cylinde（圆柱）→ Inputs（输入）→ Subdivision Axis（细分轴）设置成20。

（2）制作完后，选择烟囱，选择 Edit Polygons（编辑多边形）→ Create UVs（建立 Uvs）→ Cylindrical Mapping（圆柱映射）命令（图 6-22）。

（3）选择 Window（窗口）→ UV Texture Editor（UV 纹理编辑）命令，查看纹理坐标。然后选择 Polygons（多边形）→ UV Snapshot（UV 快照）命令，输出选择的线框，接下来的工作就是在 Photoshop 中绘制纹理贴图。

（4）选择 Rendering Editor（渲染编辑）→ Hypershade（超级材质编辑器）命令。在打开的超级材质编辑器中选择一个 Lambert 材质，然后在该材质的 Color（色彩）节点上选择 Image name（图像名字）拾取绘制的纹理贴图，赋予场景中的 Cylindrical（柱体）物体（图 6-23）。

（5）经过反复调试，最终渲染效果如图 6-24 所示。

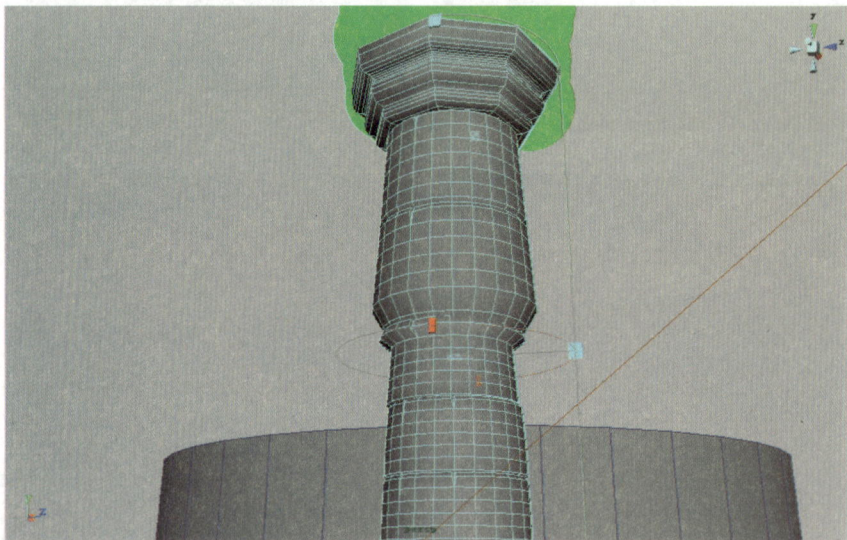

6-22

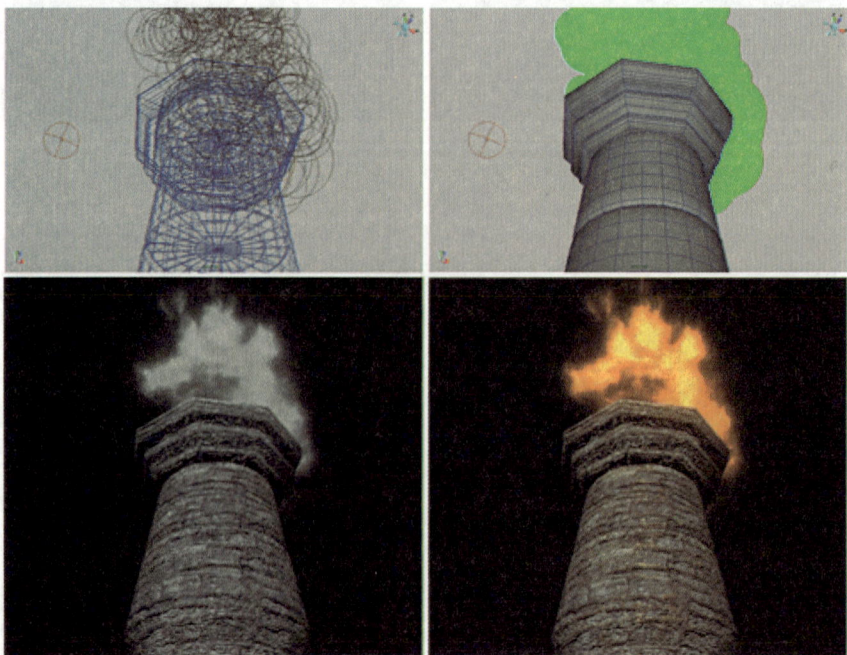

6-23

图 6-22　圆柱贴图映射
图 6-23　圆柱表面映射最后的效果

（三）Spherical Mapping（圆球映射）

圆球映射相对简单，通过顶部和底部收缩图形，在中间部分拉伸图形。凡是符合圆球模型结构的都可以使用该命令。

操作步骤如下。

（1）在场景中建立一个 Spher（球体），然后选择。

（2）在 Polygons（多边形）模式下，选择 Create UVs（建立 UVs）→ Spherical Mapping（圆球映射）命令，然后找一张纹理贴图赋予球体，即可看到球面映射效果（图 6-25）。

6-24

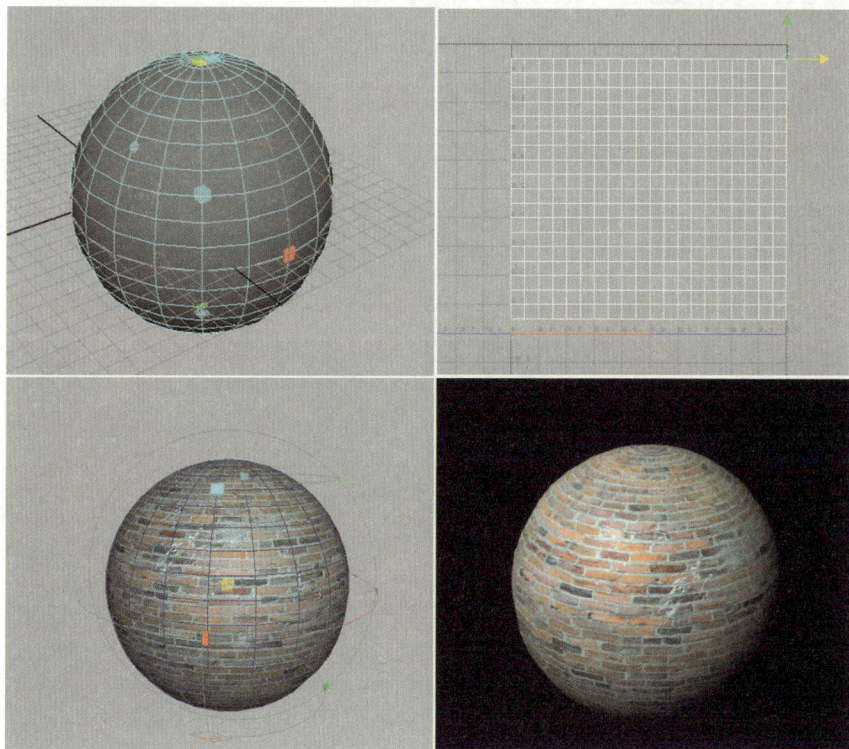

6-25

图 6-24　圆柱表面渲染效果
图 6-25　圆球映射图例

（四）Automatic Mapping（自动映射）

自动映射原理是对表面映射模型的每个表面进行分离，除非几何图形是完美的立方体、平面、圆柱体或球体，否则必定有一些面拉伸和变形。拉伸和变形的面可以通过修饰进行矫正。总之，对于分配 UV 坐标到简单的 UV 图形的编辑，是非常方便的。但是一旦模型变得很复杂，就需要对 UV 坐标进行更多的编辑和控制，例如使用缝合、切割等方法。自动映射模型角色物体并进行拆分和缝合是一件很消耗时间的工作。

自动映射投影方式可以映射很复杂的角色模型。自动映射是向模型同时映射多个面（通常为 6 个面）来寻找每个 UV 最佳的放置面，但是自动映射会在 UV Texture Editor 面板的纹理空间内创建许多个 UV 碎片，UV 碎片随着结构的打散自动分开，如果想要完成 UV 的编辑，可以对这些映射出来的 UV 碎片进行重新缝合，自动映射投影一般使用在复杂的模型方面。自动映射出来的面比较多，有的时候也过于繁琐。

操作步骤如下。

（1）要想使用自动映射命令，打开第六章中的 Moshou.mb 文件，这是一个用多边形制作的魔兽形象（图 6-26）。

（2）在 Polygons（多边形）模式下，确保模型处于选择状态，选择 Create UVs（建立 UVs）→ Automatic Mapping（自动映射）命令，观看场景物体的投射效果（图 6-27）。

（3）选择 Window（窗口）→ UV Texture Editor（UV 纹理编辑）命令，查看自动映射投影方式纹理的分布情况（图 6-28）。

（4）选择 Polygons → Sew UV Edges（UV 边界缝合）命令，选择模型相邻的边界进行缝合、切割处理。这可能是一个繁重的过程，需要有足够

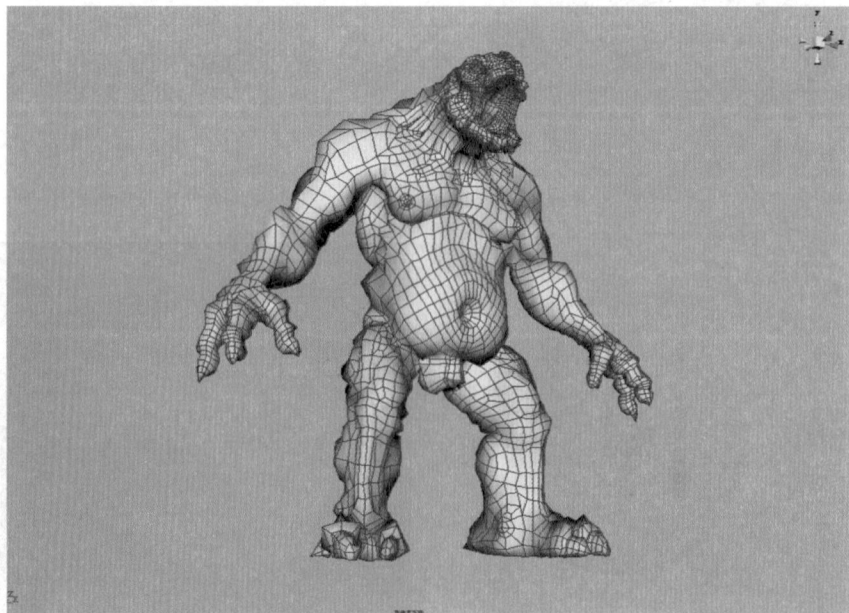

图 6-26　魔兽模型

6-26

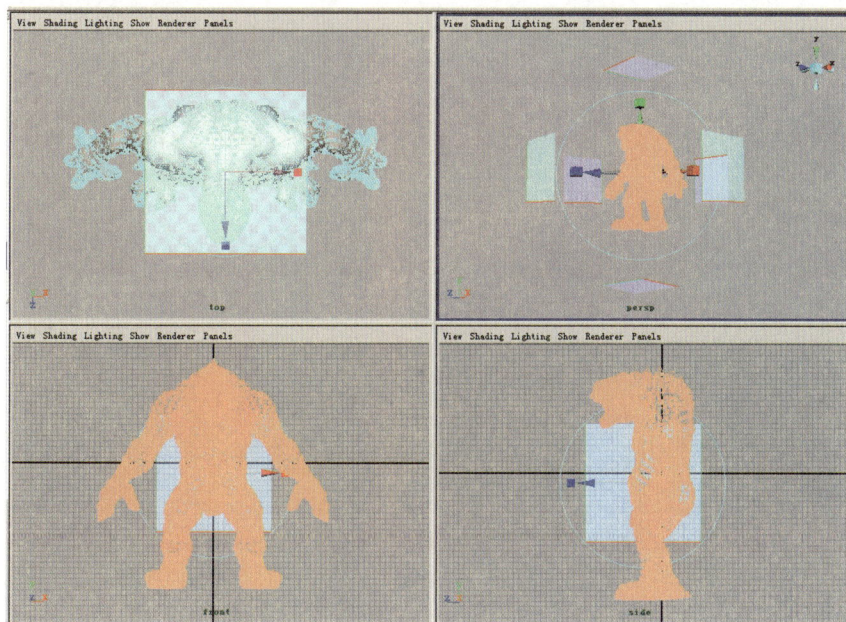

6-27

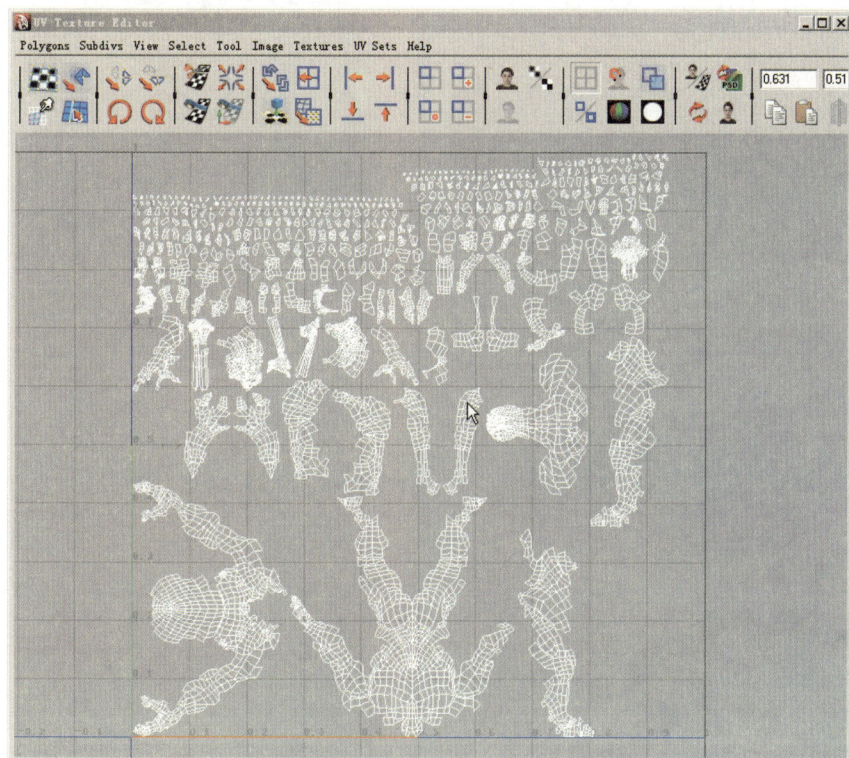

6-28

图6-27　魔兽文件
图6-28　自动映射

的耐心进行 UV 缝合、切割处理，直到完成能够绘制贴图为止。

　　真正做角色 UV 划分的时候一般都不采取这种方法，因为会造成过度复杂的 UV 纹理，可以使用随着结构分割的方法，能方便快捷地达到同样的效果（图6-29）。

　　（5）最后选择线框，选择 Polygons（多边形）→ UV Snapshot（UV 快照）命令，输出选择的线框即可绘制贴图纹理（图6-30）。

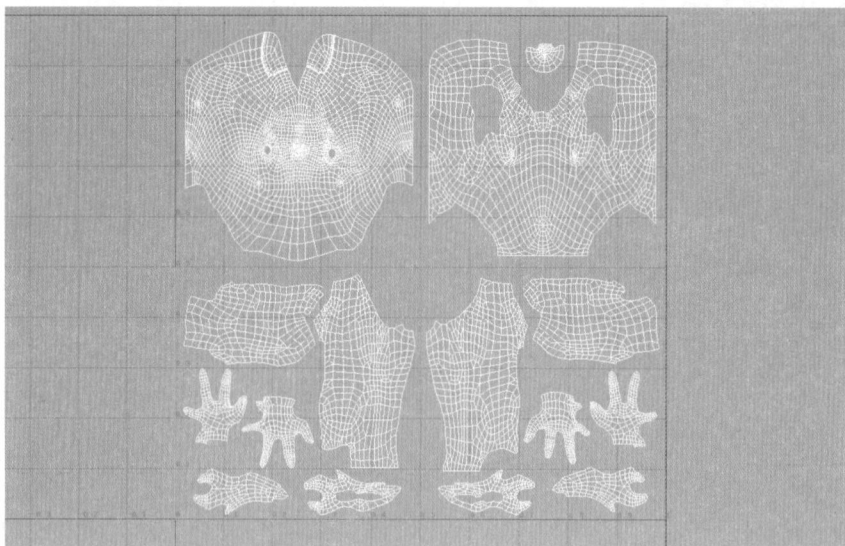

6-29

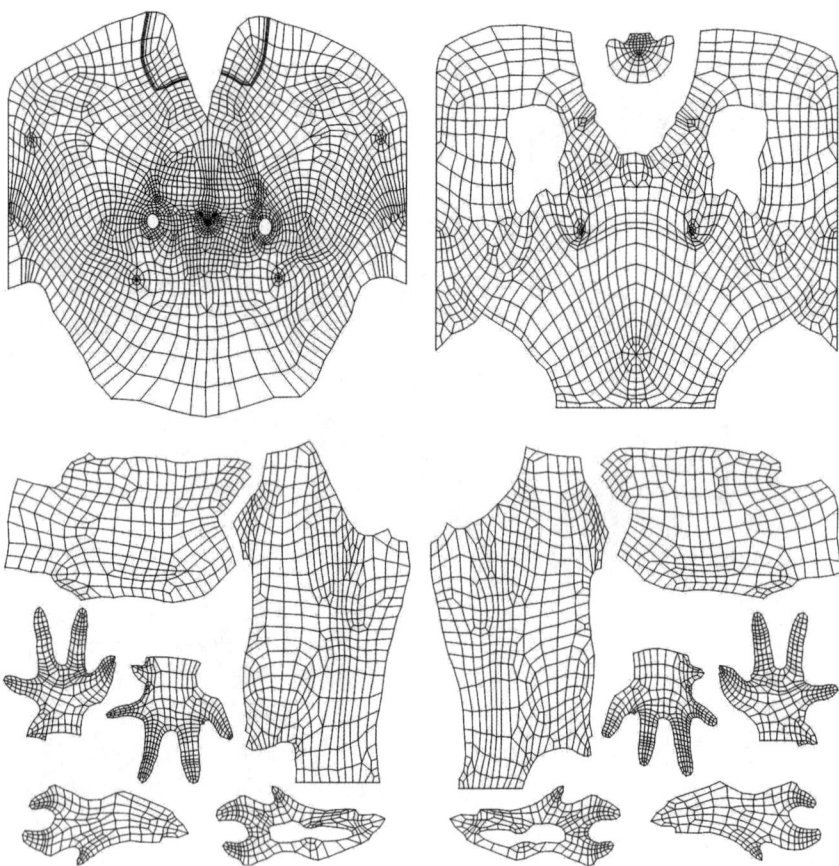

图 6-29 角色 UV 最终划分
图 6-30 输出线框（1）

6-30

第二节　贴图案例实践

制作模型和深刻理解 UV 的分配及应用原理是三维动画初学者必须掌握的知识和技能，下面给出两个操作实例。

一、真实的纸箱

现在我们开始利用 UV 的原理制作一组真实的纸箱，纸箱置于一个房屋前面，正在等待主人的到来。纸箱是用多边形的 Cube 制作的，贴图是先拍摄好的纸箱表面纹理。在制作的过程中，尽可能地把灯光和景深做出来，本例在渲染的过程中施加了景深效果，这样看起来更真实（图 6-31）。

基本步骤如下。

（1）打开光盘 Lesson6 中的 box-0.mb 场景文件。纸箱是用多边形的 Cube 制作的，里面有 10 个盒子，分别代表着 10 个电脑纸箱。灯光已经设置完毕，场景很简单，但是我们就是利用这个简单的场景来达到真实的效果。只要赋予纹理就可以得到完整的渲染效果（图 6-32）。

（2）选择最前面的电脑纸箱，然后选择 Window（窗口）→ UV Texture Editor（UV 纹理编辑）命令，查看纹理坐标。结果发现 Cube 制作的纸箱纹理都已经默认展开，我们只要按照 UV 坐标来绘制纹理，然后赋予它即可（图 6-33）。

6-31

6-32

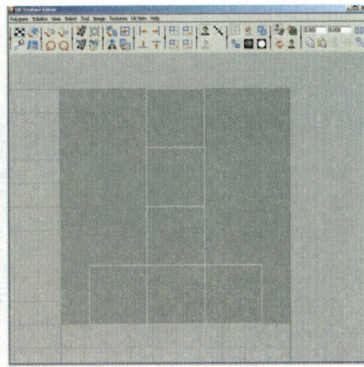

6-33

图 6-31　真实的纸箱
图 6-32　场景文件
图 6-33　UV 纹理编辑

（3）在 UV Texture Editor 面板中，右击，选择 Edge（边）命令，然后选择 Polygonxi 下面的命令 UV Snapshot，设置格式和大小，文件命名为 box。参数设置如下：单击 OK，输出线框，在信息提示栏会自动显示 // Saved file：C：\ box.jpg，存储成功（图 6-34）。

（4）打开 Photoshop，打开线框文件开始绘制贴图，把事先拍摄的贴图按照线框如图 6-35 所示进行绘制，这样 UV 纹理依次对位，存储为 Boxmap.jpg。

（5）打开 Hypershade，新建立一个 Lambert 材质，打开其属性对话框，在 Color 节点后面赋予光盘中的第六章中的 Boxmap.jpg 贴图文件（图 6-36）。

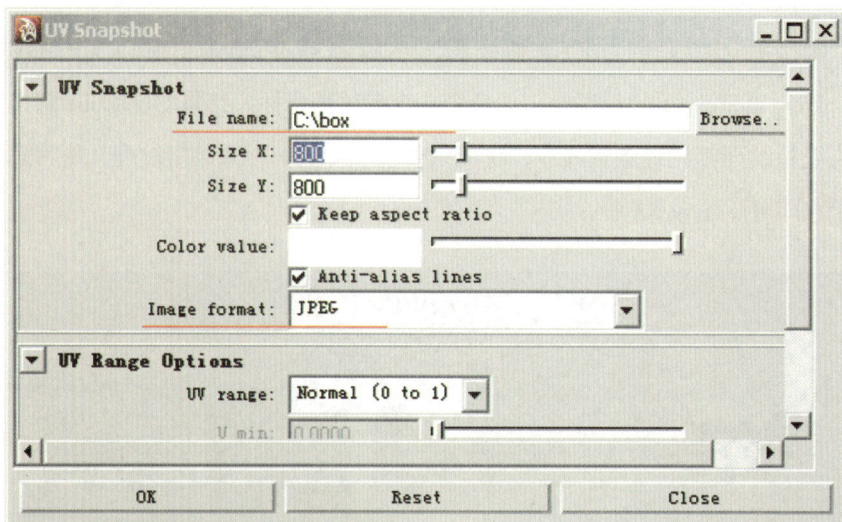

6-34

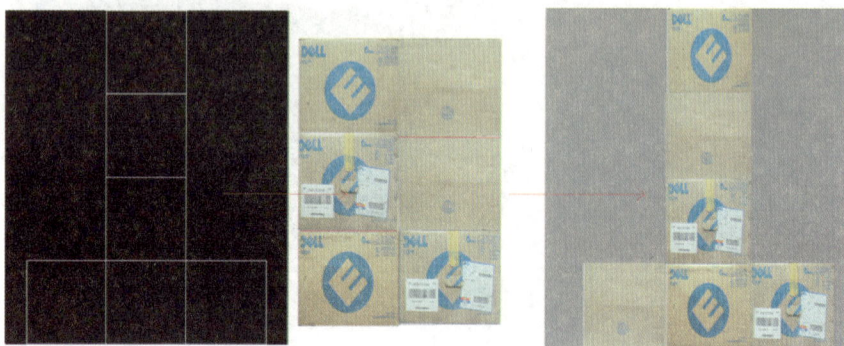

6-35

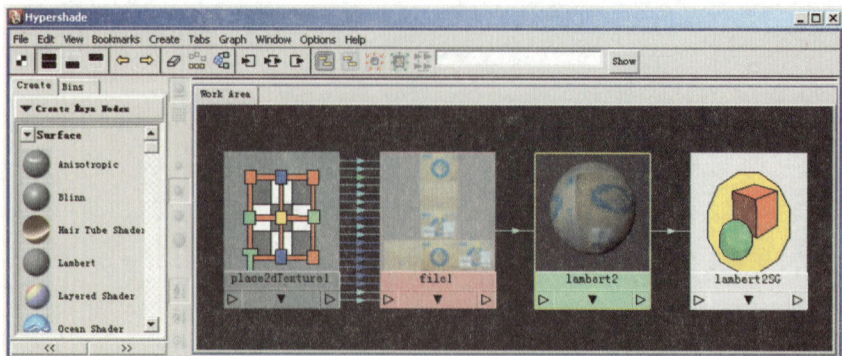

6-36

图 6-34　输出线框（2）
图 6-35　绘制贴图（1）
图 6-36　材质编辑

（6）把材质赋予 Cube（盒子）物体，如果 UV 对位不是很准确的话，可以在 UV Texture Editor 面板中继续调整 UV 点进行对位（图 6-37）。

（7）在整个场景中，选择纹理继续赋予其他的箱子（在这里如果是复制的箱子，其纹理也随之进行复制，结果如图 6-38 所示。

（8）接着建立一个 Lambert 材质，在属性 Color 节点后面赋予纹理，分别选择光盘中的 Lesson7/UVbox 中的 Qiang.jpg 文件，然后把该材质赋予墙面（图 6-39）。

（9）继续建立 Lambert 材质，在属性 Color 节点后面赋予纹理，分别选择光盘 Lesson7/UVbox 中的 back.jpg 文件，然后选择 Bump Mapping 节

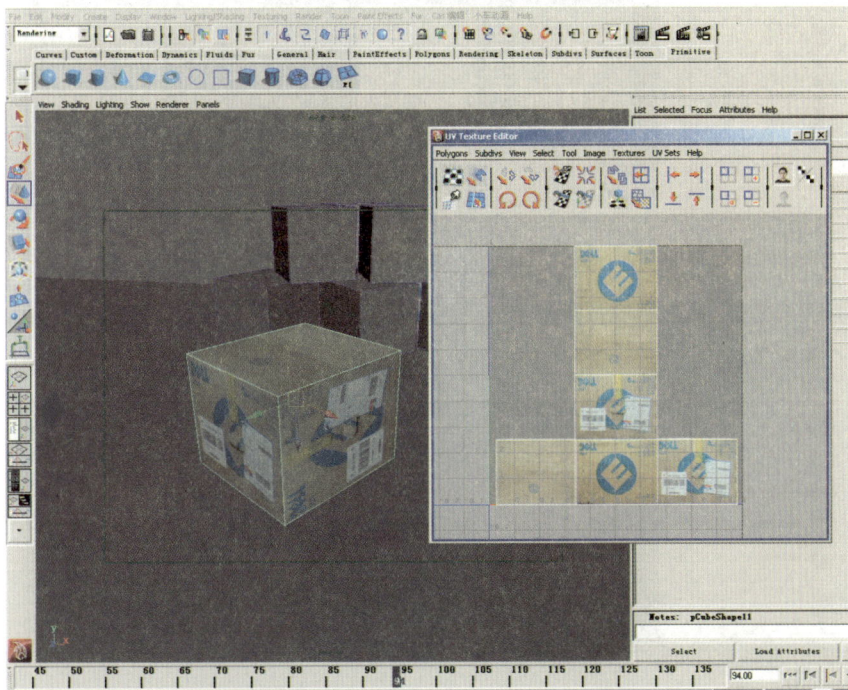

6-37

6-38

图 6-37　UV 点对位
图 6-38　赋予材质

点赋予 Bump.jpg 文件。这样地面具有了凹凸效果，把该材质赋予地面（图 6-40）。

（10）整个场景设置完毕，地面、墙面、箱子都赋予了贴图，场景中有三盏灯光，一盏是 Directional Lights（方向光），两盏是 Spot Lights（聚光灯）（图 6-41）。

（11）选择当前摄像机，打开属性对话框，选中 Depth of Field 选项，

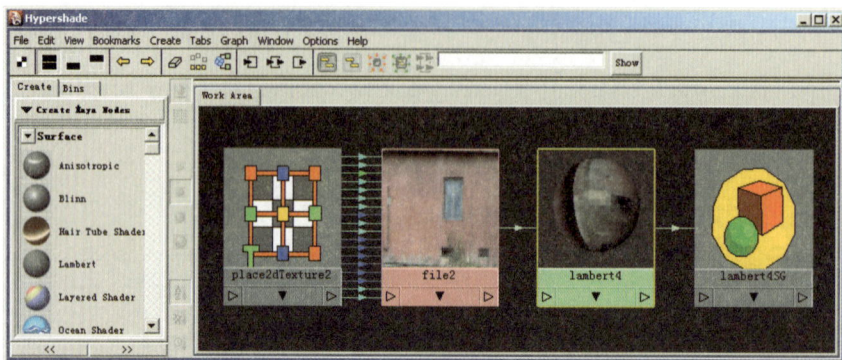

6-39

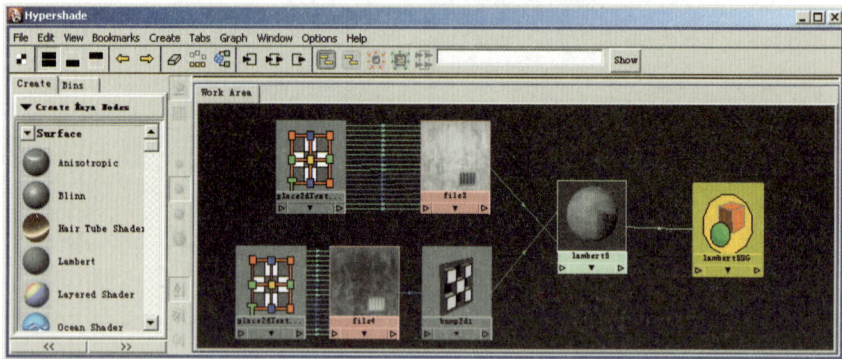

6-40

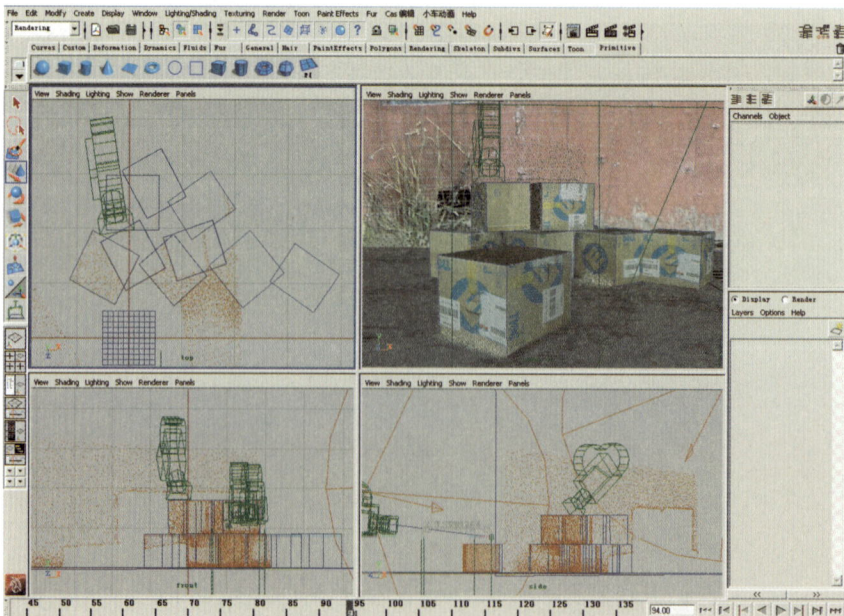

6-41

图 6-39　材质节点（1）
图 6-40　材质节点（2）
图 6-41　场景设置

在该卷展栏中，Field Distance（景深距离）是控制景深的焦点距离。关于清晰度和摄像机之间的距离，可以选择 Create（建立）→ Measure Tools（测量工具）→ Distance Tools（距离工具）命令，测量一下最前面的箱子与摄像机之间的距离是多少，该参数就可以设置为多少（图 6-42）。

（12）测试数字为 3.10019，所以这里设置 Field Distance 为 3.100，设置 F Stop 为 18（该参数控制模糊程度，数字越大越模糊），设置 Focus Region Scale 为 3.0（该参数控制清晰度的范围大小）（图 6-43）。

（13）选择 Window（窗口）→ Rendering Editors（渲染编辑）→ Render Settings（渲染设置）命令，渲染全局属性窗口，开启 Mental ray 渲染程序，在 mental ray 卷展栏中，展开 Final Gather（最终聚集）属性栏，开启 Final Gather（最终聚集）选择项，参考光盘 Lesson 6 中的 boxok.mb 场景文件进行选择，渲染结果如图 6-44 所示。

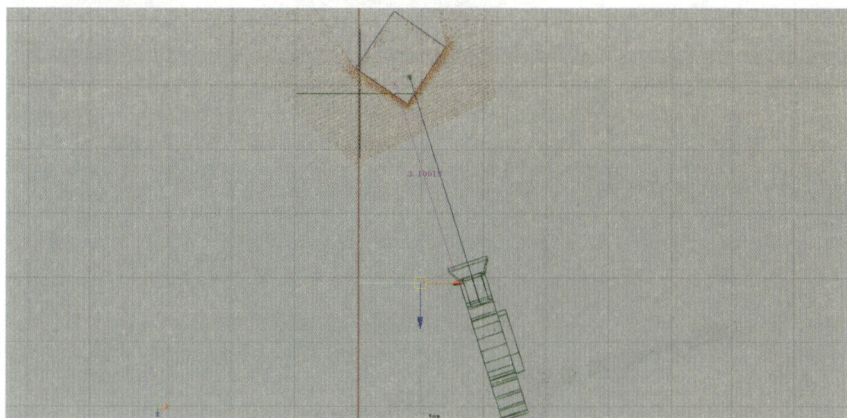

6-42

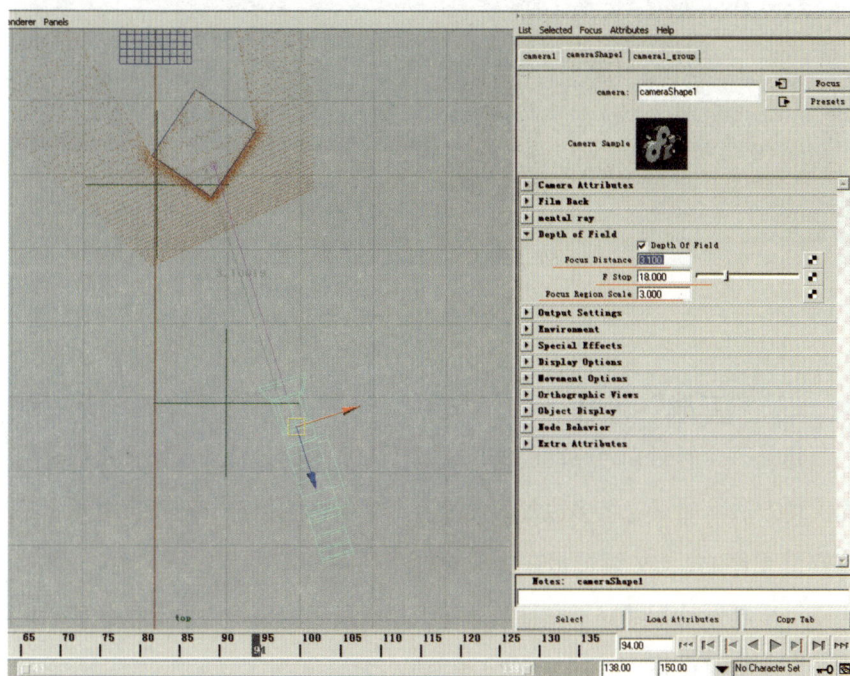

6-43

图 6-42 测量工具
图 6-43 景深参数控制

6-44

6-45

图 6-44 渲染结果
图 6-45 "二战"士兵

二、"二战"士兵

这是一个针对角色贴图的案例，基于 UV 坐标分别设计贴图是很重要的实现方法。如果这个多边形表面没有 UV 坐标的信息，在视窗中显示条纹则是无序的，UV 编辑是在完成建模之后对模型指定纹理之前进行的，为下一步制作动画做好了充足的准备工作，最后渲染出来的动画才能满足商业需求（图 6-45）。

操作步骤如下。

（1）角色 UV 分析。

①角色的 UV 编辑相对复杂一些。在 Maya 中，编辑 UV 是为了贴图需要。编辑角色的 UV 可以用 Texture Editor 面板来实现。UV Texture Editor 有自己的窗口菜单与工具栏，工具栏实现的功能大部分都在菜单列表中，作为一个 UV 视图窗口，移动、位移、缩放等工具在三维视图中操作方法都是一样的，一般角色建模比较容易拆分 UV 和施展贴图，对于动画的模型尽可能的不要太复杂。打开光盘 Lesson6 中的场景 model1.mb 文件（图 6-46）。

②为了模型管理上的方便，我们建立图层进行管理（帽子、头部、上衣、胳膊等），首先单击选择右边的通道栏 Display 下面的 Createa a new layer（建立图层面板），分别建立一些图层，把模型的每个部分分别装配到里面，在 Outline（大纲）中选择每个部分，分别在图层上选择 Add Selected Objects（添加选择的物体）命令（图 6-47）。

③为制作方便，可以在当前图层上双击，建立色彩和图层名称，这样管理起来相对容易。建立完毕的样式如图 6-48 所示。

④选择 Window（窗口）→ UV Texture Editor（UV 纹理编辑）命令，打开 UV 纹理编辑窗口，它专门用于 UV 的编辑（图 6-49）。

图 6-46　三维场景

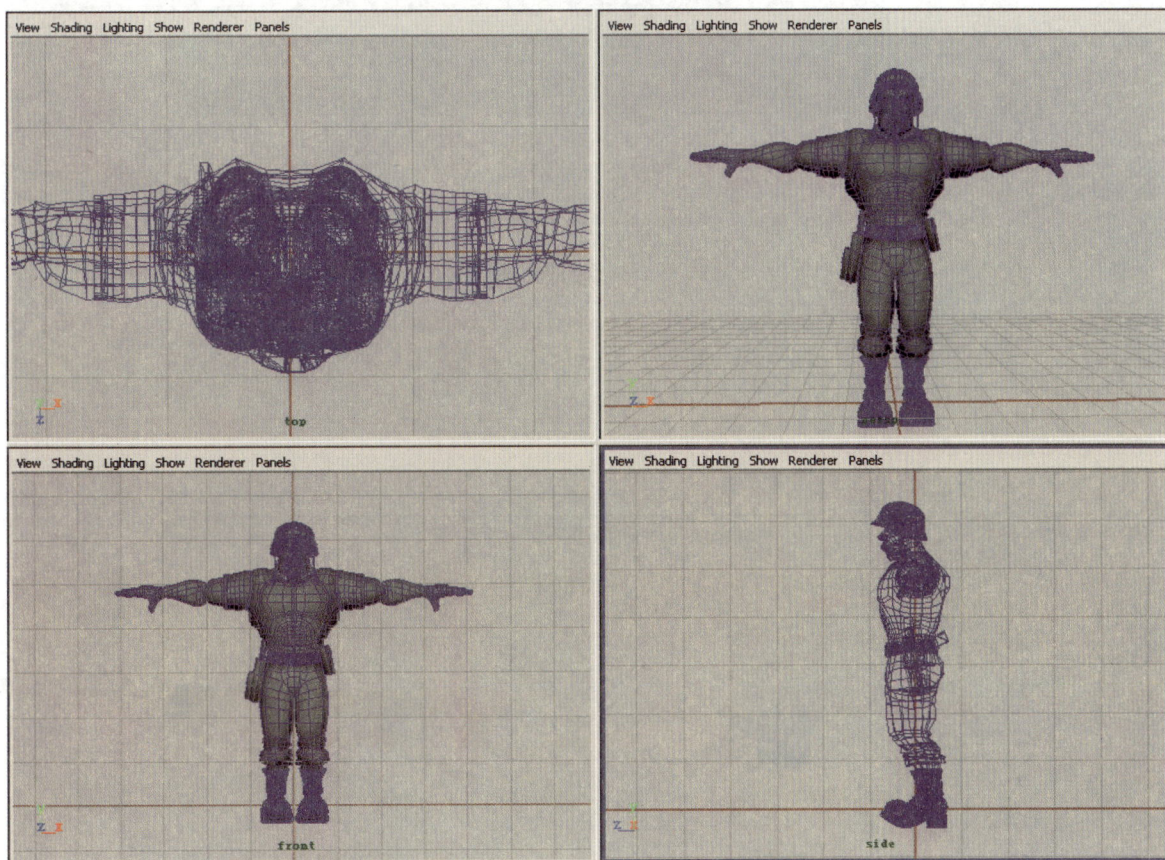

⑤一切准备就绪。现在开始拆分士兵模型的 UV，开始做 UV 的映射。一般先从头部结构开始，在通道栏中关闭其他图层，只显示头部，现在选择整个头部多边形的面（眼睛除外），在 Polygons（多边形）模块中，选择 Create UVs（建立 UVs）→ Planar（平面）命令，打开 UV 纹理编辑面板，将会看见头部 UV 的映射效果，在模型坐标上右击，选择 UV 点，把它移动到网格线以外（图 6-50）。

图 6-47 建立图层
图 6-48 图层名称设置

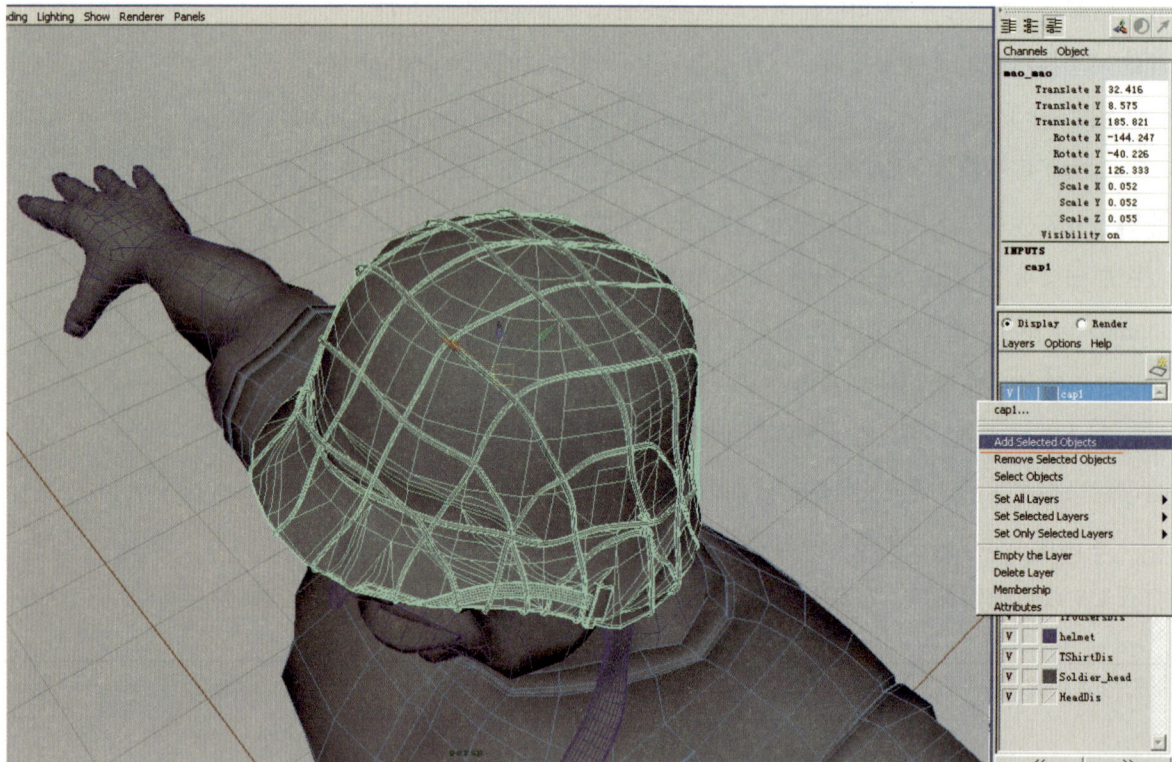

6-47

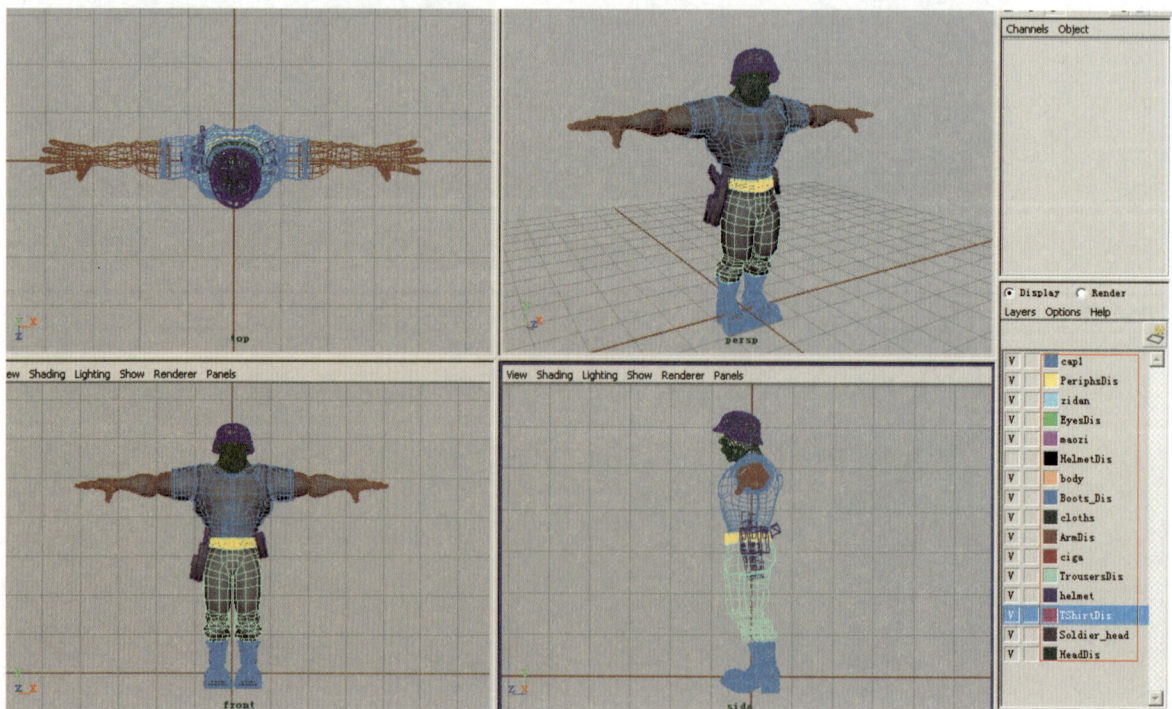

6-48

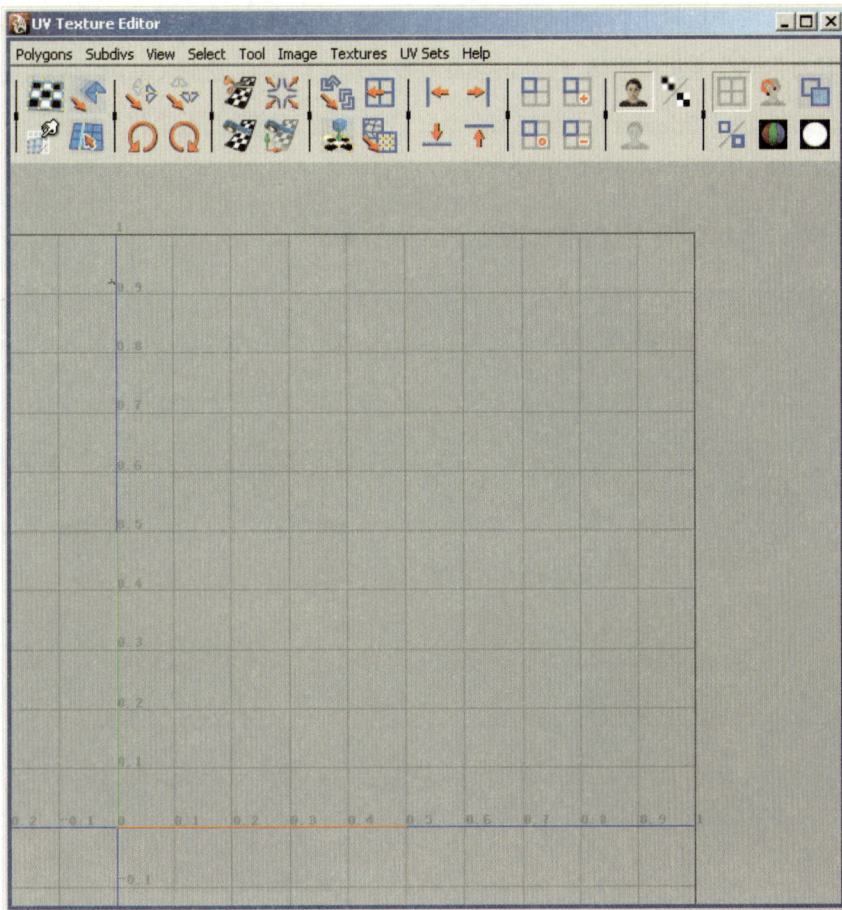

6-49

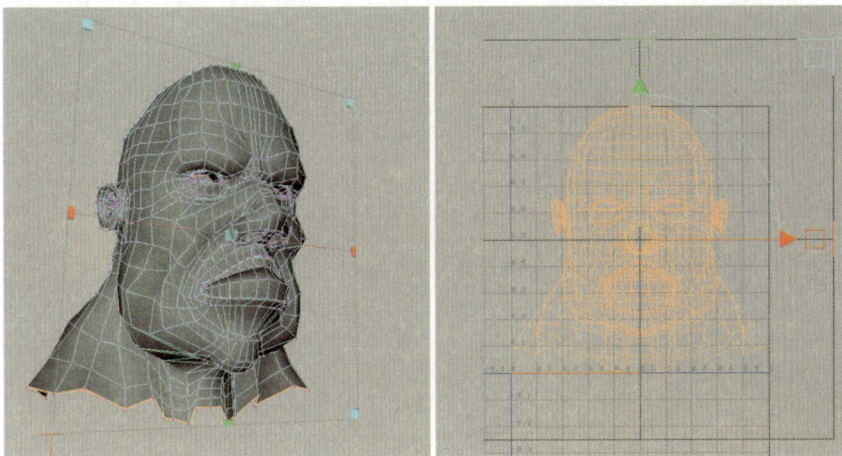

6-50

图 6-49　UV 纹理编辑
图 6-50　平面映射

　　⑥打开 UV 纹理编辑面板，选择头部模型。头部结构类似一个盒子，分别选择脖子横截面、后脑中线、头顶上的横截面线段、下颌和耳朵进行分割，目的是让这些部分成为单独的部分，以便把它们展开成平面。分别选择这些部分的边缘线，在 UV Texture Editor（UV 纹理编辑）命令中选择 Cut UV Edge（分割 UV 的边），这样 UV 边缘就被分割了（图 6-51）。

　　⑦这样，头部的 UV 被分割成了几大块。在 UV 点的状态下，可以按住 Ctrl 键，在每个块面上右击，选择 To shell 命令分别移开。

⑧现在选择下端脖子的面（注意一定不要多选，只选择脖子的整个面），因为头部符合圆柱形体，在 Polygons（多边形）模块中，选择 Create UVs（建立 UVs）→ Cylindrical（圆柱）命令，在 UV 纹理编辑面板中将会出现脖子 UV 的映射平面效果，这样脖子 UV 展开，在 UV 纹理编辑面板中调节和整理一下 UV 点即可（图 6-52）。

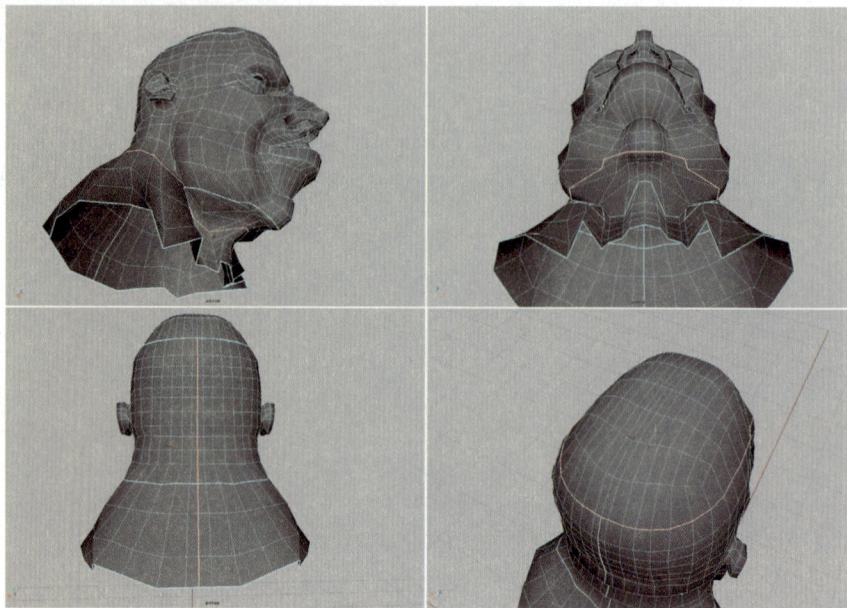

6-51

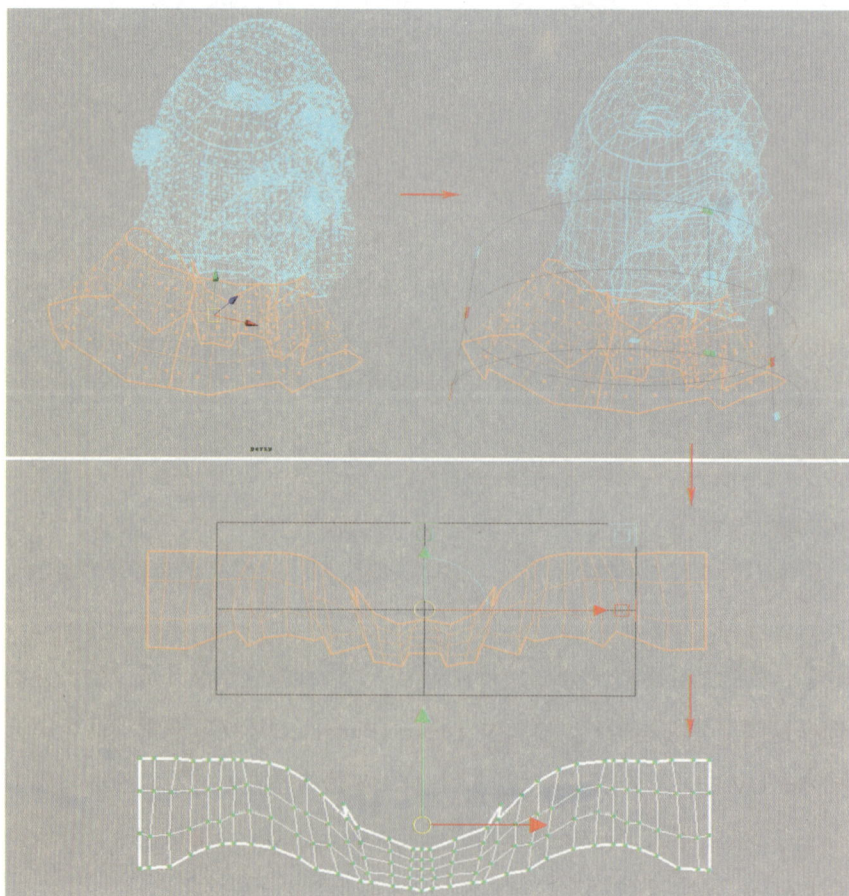

图 6-51　UV 边缘被分割
图 6-52　展开 UV 纹理

6-52

⑨使用同样的方法，选择整个中间头部的面，继续用 Cylindrical（圆柱）坐标映射，这样中间头部也展开（图6-53）。

⑩使用同样的方法，选择整个中间头部的面，继续施加 Create UVs（建立 UVs）→ Planar（平面）映射，这样最上面的头部也展开（图6-54）。

⑪使用同样的方法，选择整个下颌面，继续用 Planar（平面）映射坐

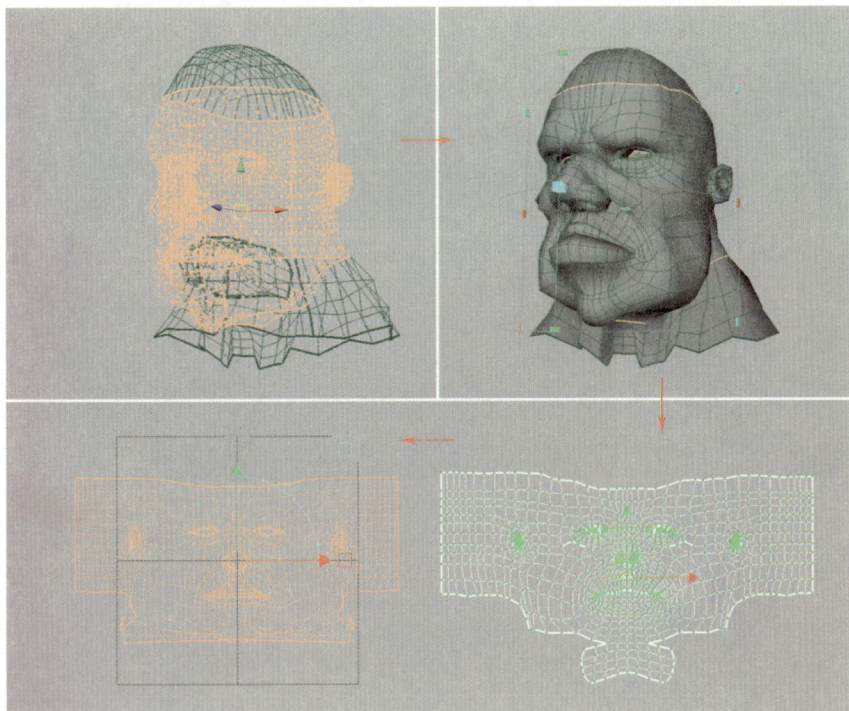

6-53

6-54

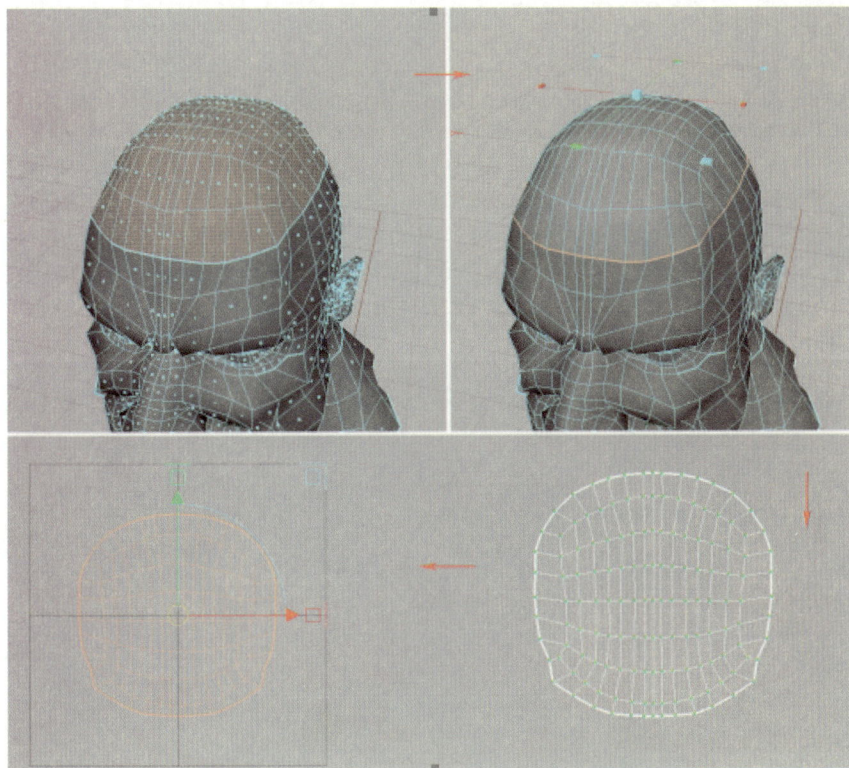

图 6-53　圆柱坐标映 射头部
图 6-54　头顶（平面）映射

标映射，这样下颌面也展开（图6-55）。

⑫选择整个头部（非选择状态下在纹理编辑面板中是不显示UV点的），在UV Texture Editor面板中，用移动、位移、缩放和UV工具把各个部分摆放好，然后缩放各部分的UV到0\1纹理空间中，选择正面局部的线，可以用Sew UV Edges（缝合UV的边）缝合（图6-56）。

图6-55　下颌平面映射
图6-56　整个头编辑后展开

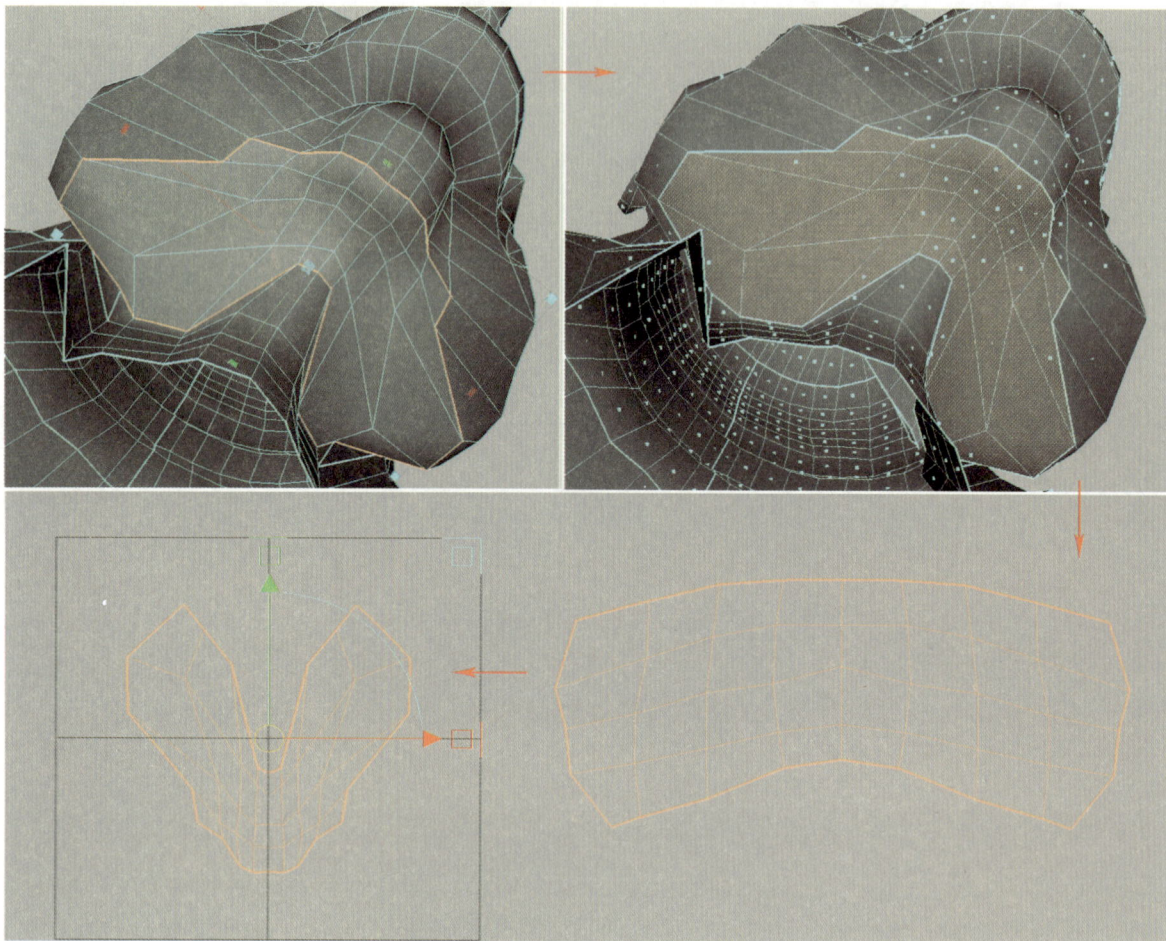

6-55

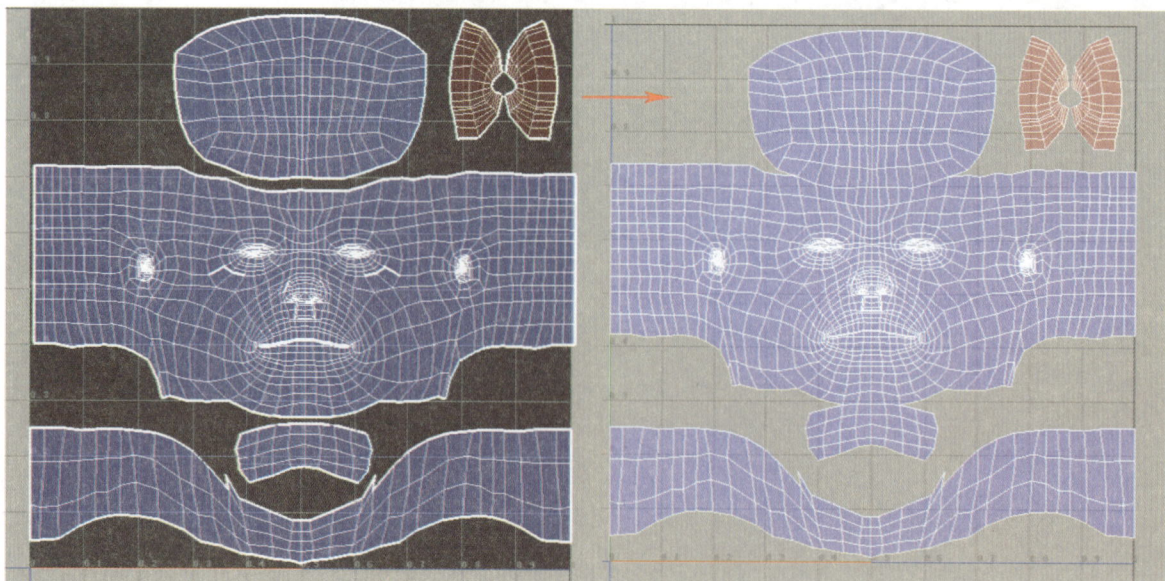

6-56

⑬选择上衣模型。现在来拆分上衣的 UV，首先选择模型两侧中线侧面、两侧肩膀、衣领的边线，在 UV Texture Editor（UV 纹理编辑）命令中分别选择 Cut UV Edge（分割 UV 的边），这样 UV 边缘就被分割了（图 6-57）。

图 6-57 上衣模型 UV 边缘被分割

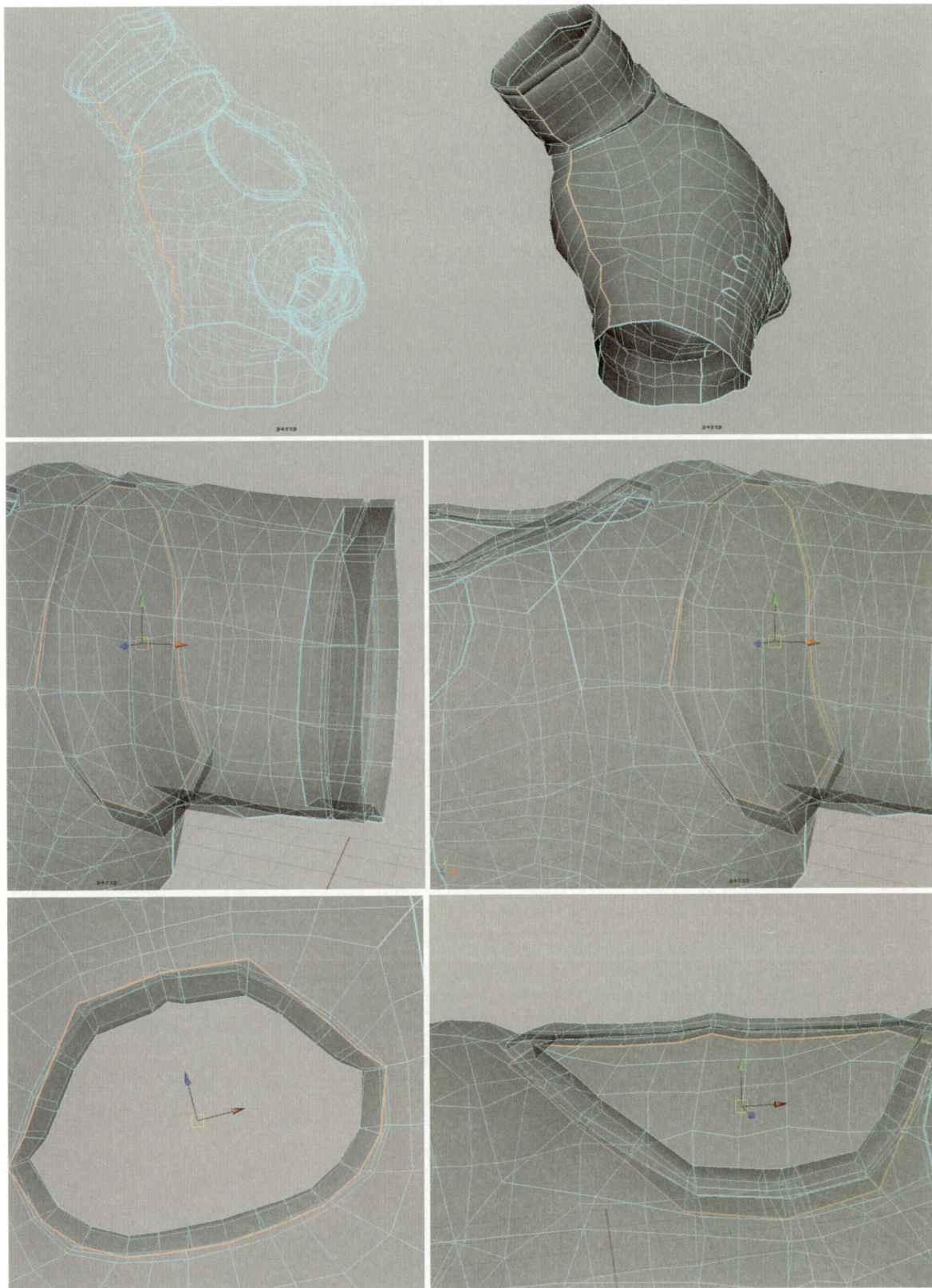

⑭在 Polygons（多边形）模块中，选择 Create UVs（建立 UVs）→ Planar（平面）命令，打开 UV 纹理编辑面板，将会看见衣服模型的 UV 的映射效果，在模型坐标上右键选择 UV 点，把它移动到网格线以外（图 6-58）。

⑮这样，上衣的 UV 被分割成了几大块，在纹理编辑面板，将会看见衣服模型的 UV 分配效果（图 6-59）。

⑯在 UV 点的状态下，可以按住 Ctrl 键，右击每个块面，选择 To shell 命令分别移开（图 6-60）。

⑰现在选择最前边的面，在 Polygons（多边形）模块中，选择 Create UVs（建立 UVs）→ Planar（平面）命令，在 UV 纹理编辑面板，将会出现上衣 UV 的映射平面效果，这样，上衣前面 UV 展开，在 UV 纹理编

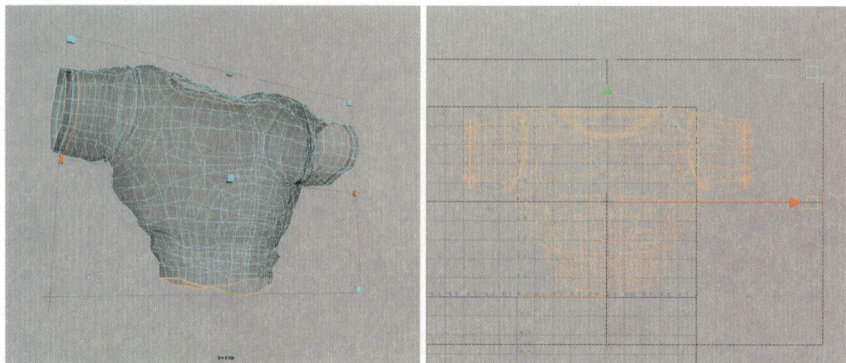
6-58

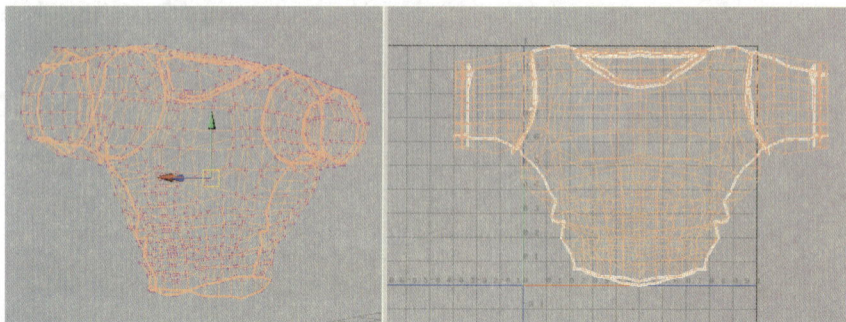
6-59

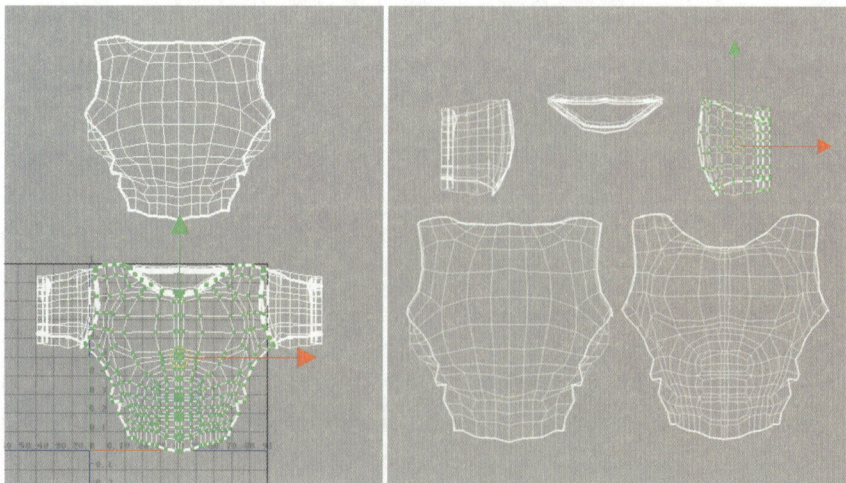
6-60

图 6-58　上衣平面映射
图 6-59　UV 的分配效果
图 6-60　上衣 UV 被分割

辑面板调节和整理一下 UV 点即可，后面上衣如上所述也展开。肩膀用 Cylindrical（圆柱）坐标映射，因为肩膀符合圆柱形体，其余部分根据需要都逐个展开（图 6-61）。

⑱依据以上方法，继续分割裤子的 UV 部分，裤子依据裆部和裤子外围中缝进行切割，分别展开（图 6-62）。

⑲角色人物比较复杂，如果 UV 放置不正确，扯拉现象是很正常的，所以，制作角色完成以后，基于 UV 的结构，分别设计贴图是正确的选择。多边形不像 NURBS 具有可以用于指定表面上点的固有的二维坐标，所以唯一的解决方案就是进行 UV 映射，我们通过在 UV Texture Editor（UV 纹理编辑）中进行移动、编辑、旋转等一系列方法让纹理在表面的放置有不同的位置。如果这个多边形表面没有 UV 的信息，就会在视窗中显示灰色透明斜条纹（有时也显示为彩色透明斜条纹）。UV 编辑是在完成建模之后，对模型指定纹理之前进行，为下一步制作动画做好充足的准备工作（图 6-63）。

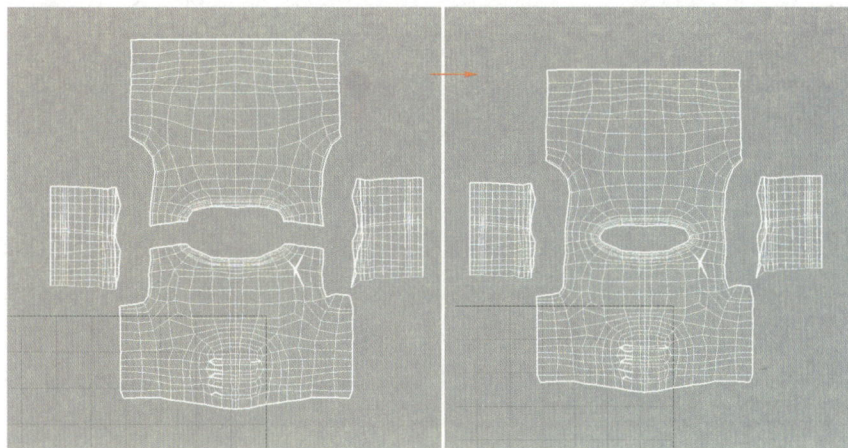

6-61

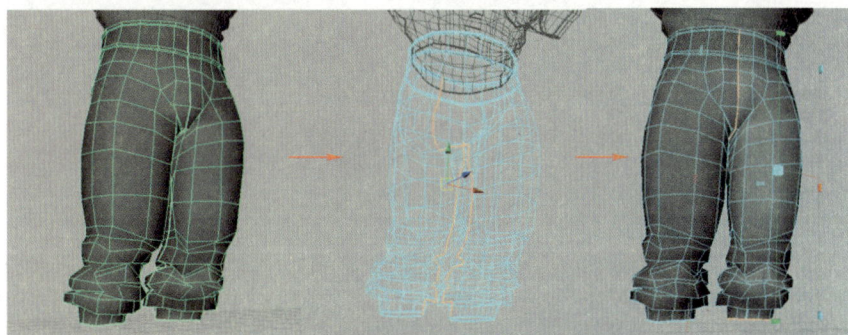

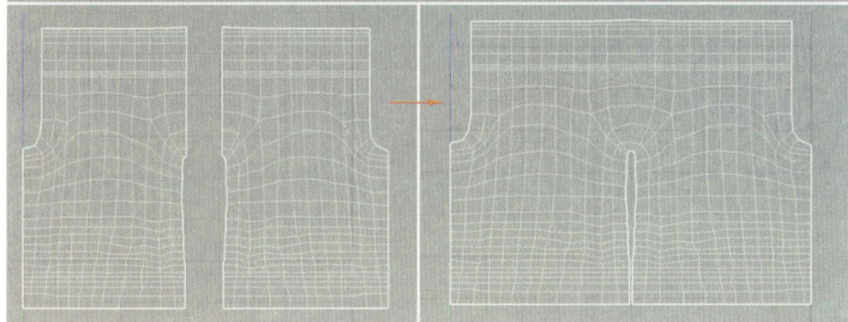

6-62

图 6-61　上衣被展开
图 6-62　裤子的 UV 划分

（2）角色 UV 的贴图绘制。

①现在整个人物纹理都已经拆分完毕，我们这个过程是绘制贴图纹理。我们回到 Texture Editor（UV 纹理编辑）命令面板中，首先选择上衣 UV 的边，在 UV Texture Editor 面板中，右击，选择 Edge（边）命令，然后选择 Polygonxi 下面的命令 UV Snapshot，设置格式和大小。注意存储的路径，命名为 Shangyi.jpg 文件，然后输出即可（图 6-64）。

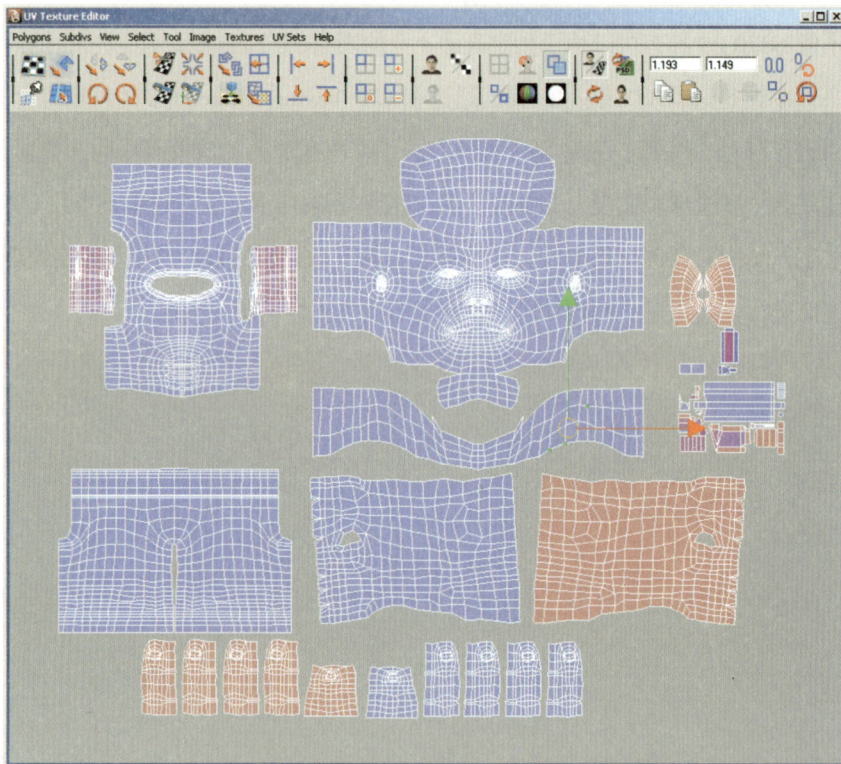

6-63

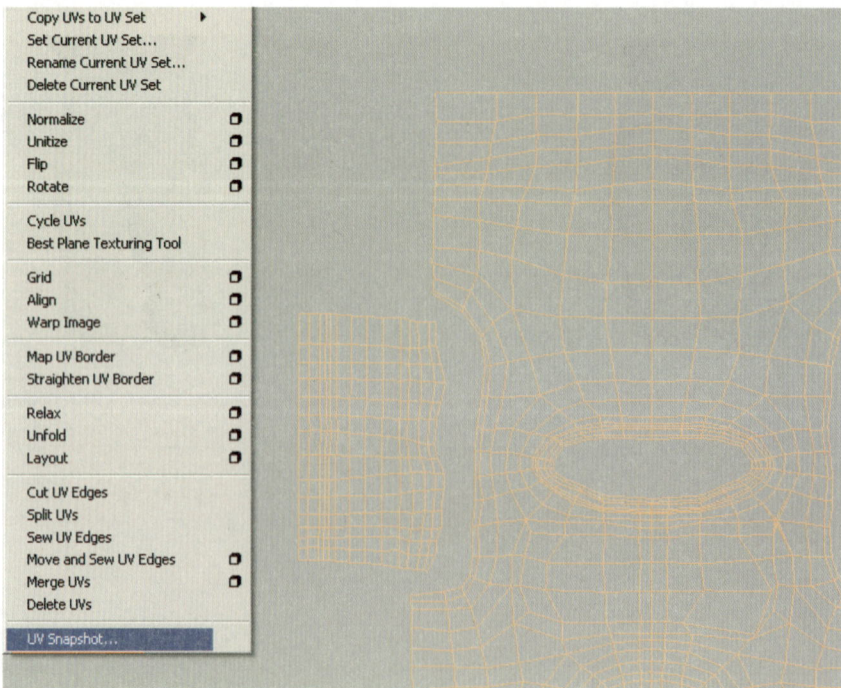

6-64

图 6-63　模型 UV 整体划分
图 6-64　输出线框（3）

②打开 Photoshop 软件，找到输出的 hangyi.jpg 线框文件，进行士兵纹理的绘制。这里注意依据线框文件的范围绘制，结合资料图片，使用图层和蒙板的技术表现，快速把士兵的衣服绘制好（图 6-65）。

③依据以上方法，把裤子、头部贴图、胳膊都绘制好。这里，假设要表现质感，要绘制另三张贴图。第一张是色彩贴图，用在材质属性的 Color（色彩）节点上，表现纹理内容的基础，一般色彩贴图都是从 UV 的绘制出发的。第二张是凹凸贴图，用在材质属性的 Bump Mapping（凹凸贴图）节点上。在 Maya 中，黑白凹凸纹理是表现质感的主要手段，黑白的变化可以引起凹凸的感觉，凹凸纹理可以在色彩纹理基础上绘制。第三张是高光反射纹理，常用在材质属性的 Specular（高光反射）节点上，高光反射纹理可以控制纹理在材质上的反射程度和高光亮度。这三种贴图对材质的纹理表现都是很重要的（图 6-66）。

图 6-65 绘制上衣纹理

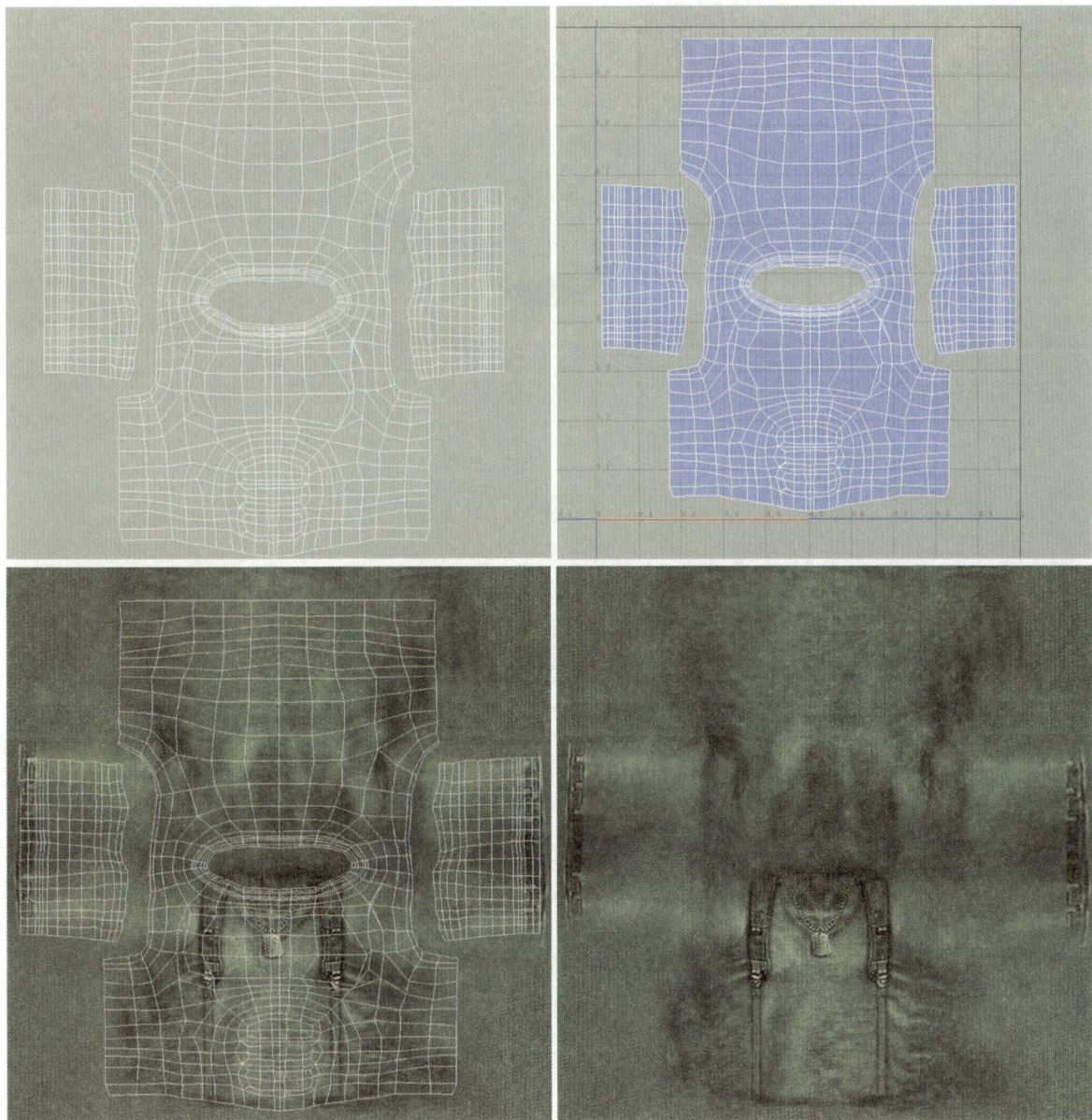

（3）角色 UV 的材质与渲染。

①选择 Window（窗口）→ Rendering Editors（渲染编辑）→ Hypershade（超级滤光器）命令，分别把绘制好的贴图赋予模型的每一部分，例如头部、上衣、裤子等物体（图 6-67、图 6-68）。

②对于头部来说，主要还是我们分析的以上三种方法，结合自己的创作需要合理安排，调节质感，比如添加凹凸贴图等纹理效果（图 6-69、图 6-70）。

③选择 Window（窗口）→ Rendering Editors（渲染编辑）→ Render Settings（渲染设置）命令，打开渲染全局属性窗口，打开 Mental ray 渲染程序，在 mental ray 卷展栏中，展开 Final Gather（最终聚集）属性栏，打开 Final Gather（最终聚集）选择项（参考光盘 Lesson6 中的场景 modelssss.mb 文件）。

图 6-66　绘制的全部纹理

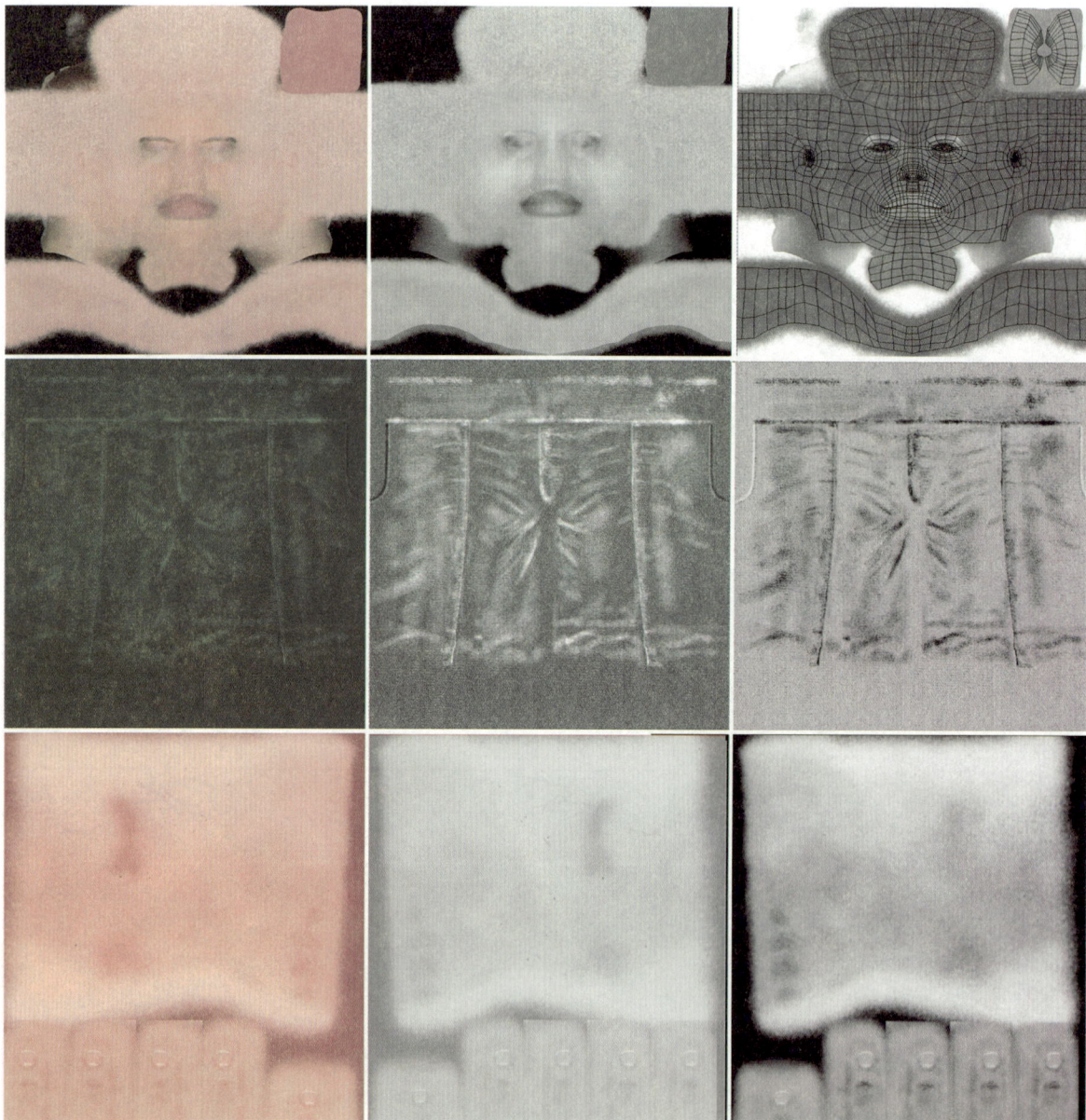

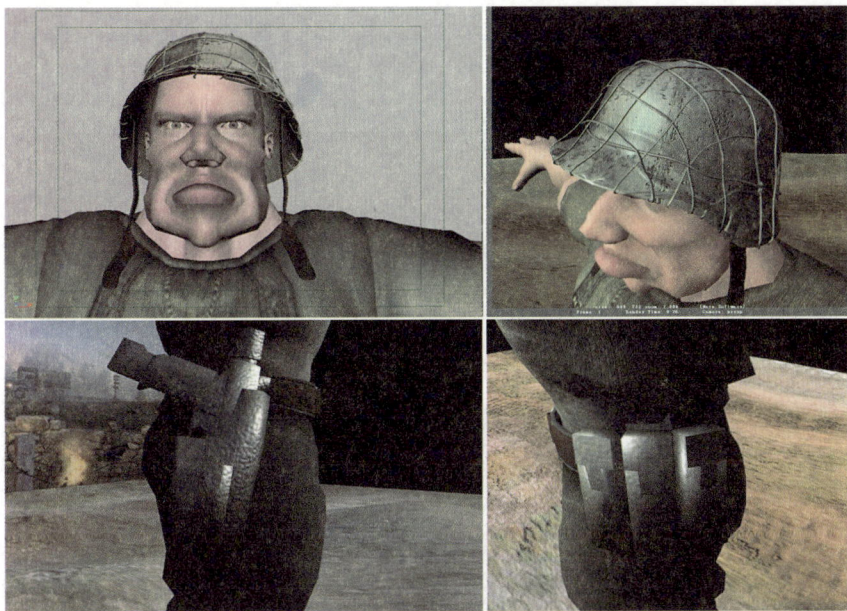

6-67

图 6-67　施展材质贴图（1）
图 6-68　施展材质贴图（2）

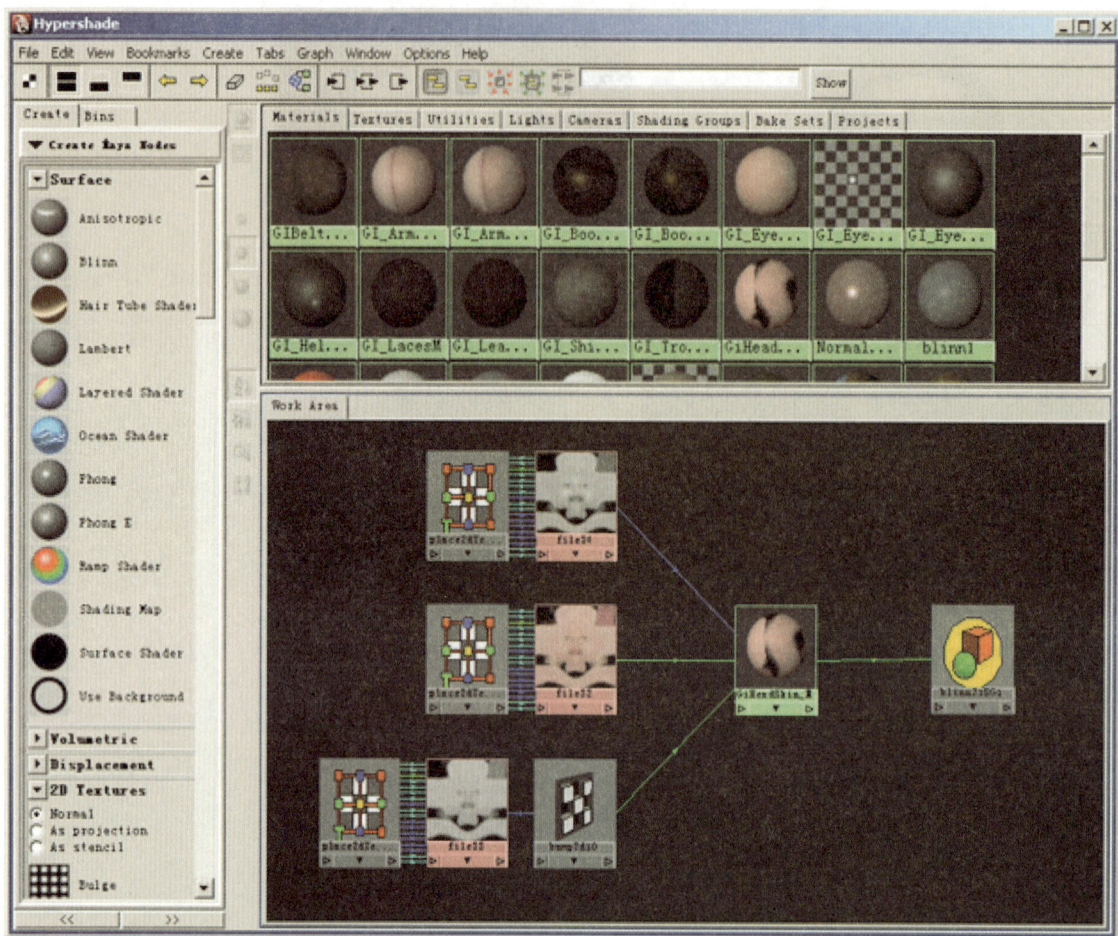

图6-69 添加凹凸贴图等纹理效果

图6-70 最后渲染

三、大象纹理贴图

在三维制作中，纹理和材质是互相协作来完成的，明确区分纹理和材质这两个概念是很重要的。在分析大象纹理贴图之前，先看一下材质属性。材质不但影响着设计的过程与最终效果，也是表现空间的工具和语言。下面这个案例，将说明材质和 UV 贴图的应用关系。

操作步骤如下。

（1）打开光盘 Lesson6\ UV-elephant\scene\elephant.mb 大象场景文件（图 6-71）。

（2）根据大象的结构特征把纹理划分一下，一定要有耐心。可以针对大象的四肢、躯干、耳朵进行划分。这里可以依据个人习惯，只要能在最终缝合以后，得到完整的 UV 即可（可以参考光盘第六章大象场景的 UV 划分效果）。依据这些划分好的 UV，绘制纹理贴图（图 6-72）。

（3）在 UV 全部编辑完成之后就可以着手准备进行纹理绘制了。在

图 6-71　大象场景

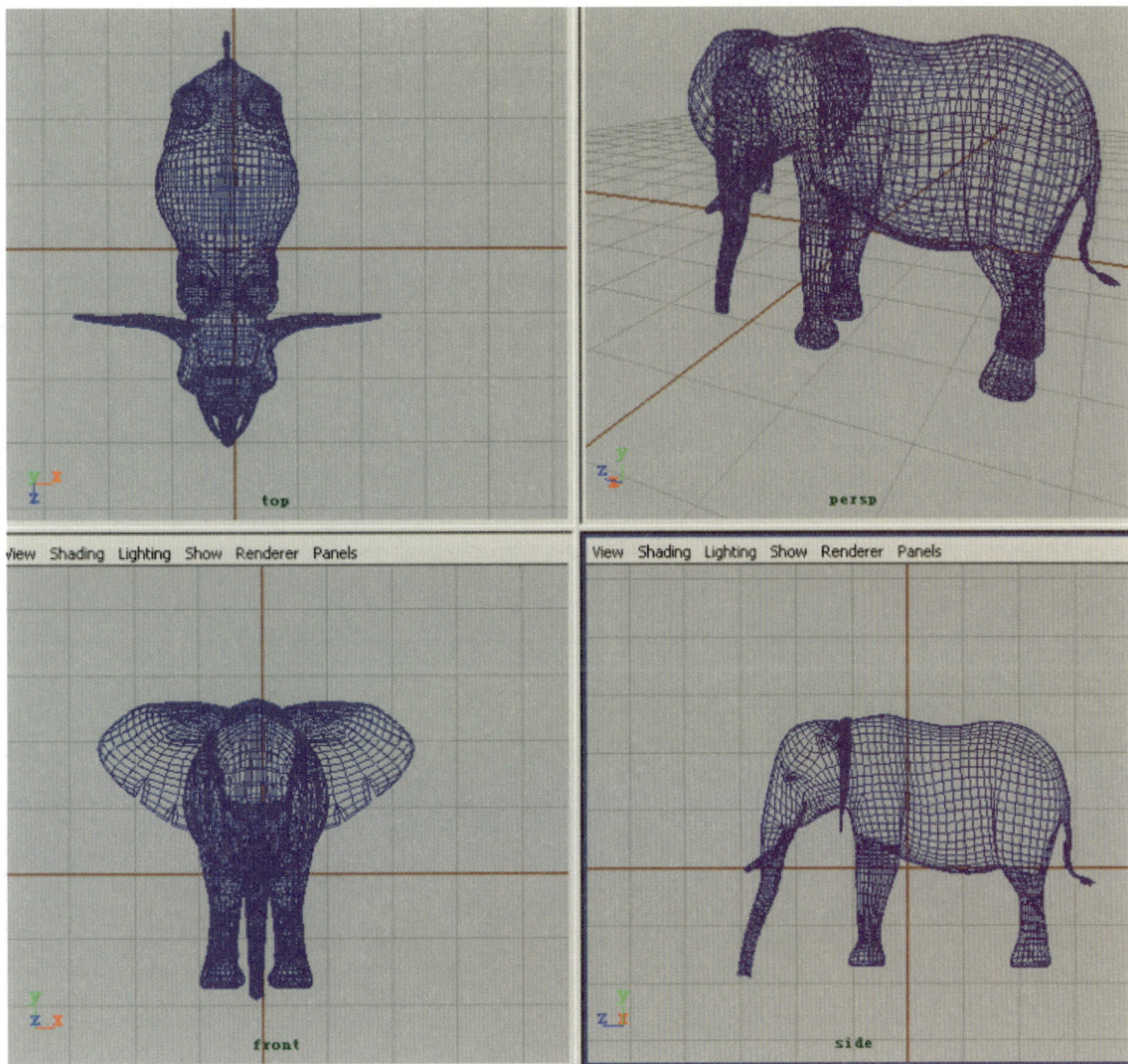

6-71

进行绘制之前，有一个很重要的步骤，就是在模型表面进行绘理的定位，纹理贴图大小的确定，主要是根据镜头的需要，场景更是这样，什么地方需要大分辨率的文件贴图，什么地方不需要，都要根据质感而定。对于场景道具来说，不是太依赖于细节，所以纹理贴图的分辨率可以低一些，大象这样的角色一定要用高分辨率，这样方可表现出大象皮肤的细节。

前面已经讲过，每种材质都有自己的属性，不过材质的大多属性是一致的，例如都有色彩、透明度、高光属性、凸凹节点等。在制作游戏的过程中，经常使用材质的凹凸（Bump）、高光反射（Specularity）、纹理放置（Displacement）、色彩（Color）节点来表现物体的真实性。即使这样，这种使用方法也仍然在一定程度上受到限制。所以我们就会依赖纹理来表现游戏场景，进而进行更好的艺术补充。也就是说，纹理绘制者必须找到具有创造性的方法进行工作。这里简要分析一下大象的贴图使用方法。

（4）先用 Photoshop 绘制一张大象贴图。这里要注意的是，绘制贴图并不像绘制草地那么简单，这里要根据 UV 的大小和拆分 UV 的结构绘制，如图 6-73，把大象的躯干和耳朵作为主要拆分对象进行绘制。

（5）材质包含材料的外在形态、色彩、质地、肌理等属性，是人的视觉对材料表面特征和材料的一般物理属性的综合反映与综合印象。而纹理，则仅仅是指嵌入材质的位图，该位图描述了我们希望物体所呈现的图像效果，即物体外表所呈现出的画面信息。游戏中的物体，都被赋予一个简单的纹理贴图，然后这个纹理被映射到物体的几何形体上。这里不但要绘制一张作用于 Color（色彩）节点的图像，还要绘制另外三张图像，它们分别是 Bump（凹凸）、Displace（纹理放置）、Specular（高光反射），参见图 6-74。

图 6-72　大象 UV 划分
图 6-73　绘制贴图（2）

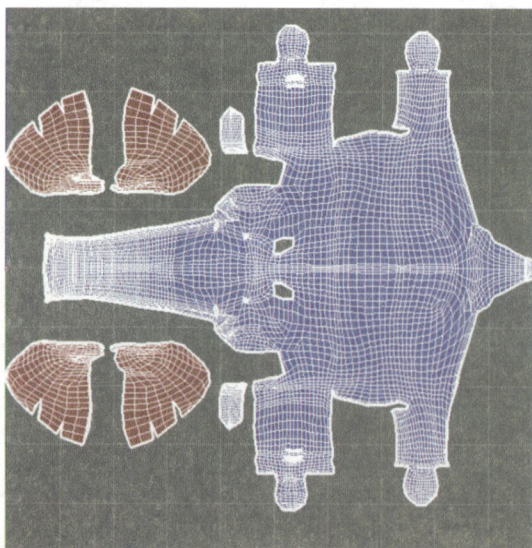

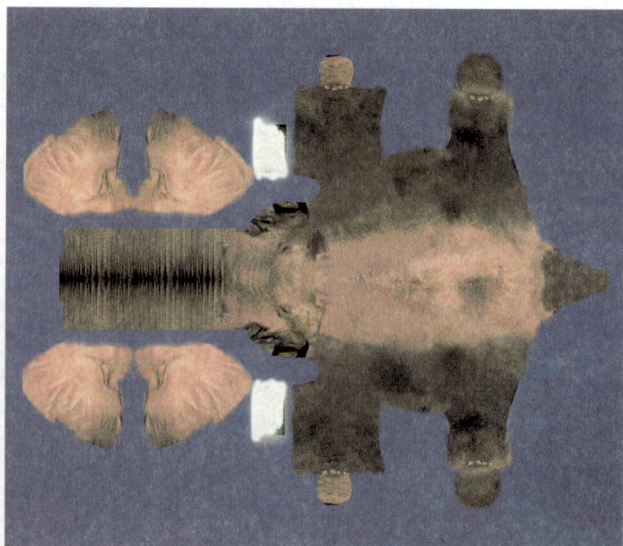

6-72　　　　　　　　　　　　　　　　6-73

（6）选择 Maya 软件，建立一个 HongE 材质，按 Ctrl+A 组合键，打开属性面板，分别在 Color（色彩）、Bump（凹凸）、Specular（高光反射）节点、Displace（纹理放置）上加载以上绘制的贴图（图 6-75）。

（7）选择 Rendering Editor（材质编辑）→ Hypershade（超级滤光器）命令，弹出材质浏览器，它具有与 Max 材质编辑窗口同样的功能。这个窗口询问你想要哪种类型的纹理来分配自己的材质。为了将材质分配给模型，需要选择一个设定好的材质，然后在上面单击 Assiga Materials Selected Object（指定材质到选择的物体）标题，大象造型就被赋予了纹理，剩下的时间可以调节灯光和进行渲染（图 6-76、图 6-77）。

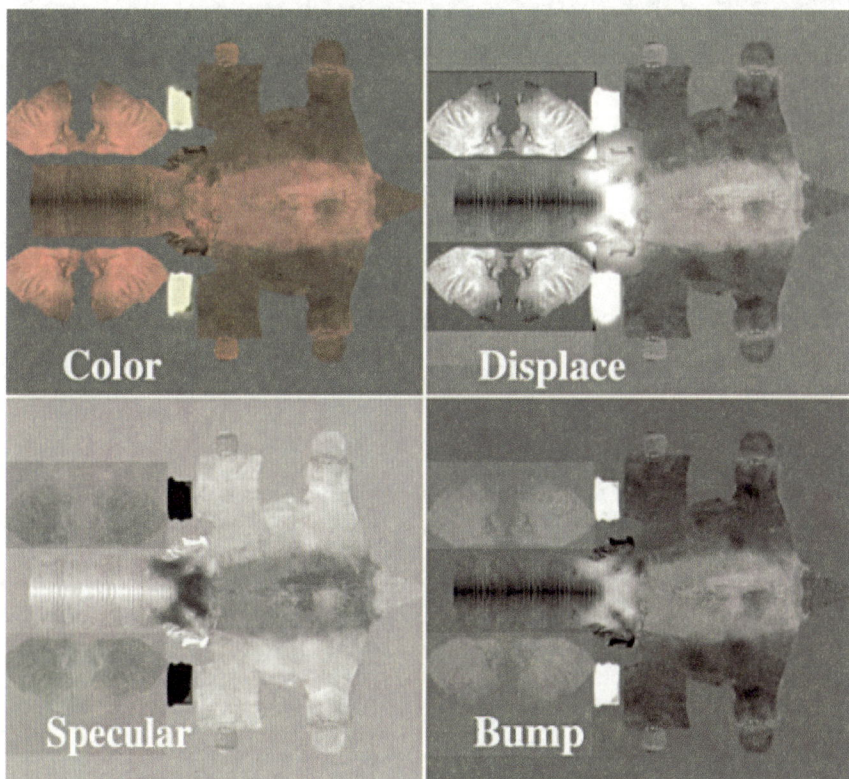

6-74

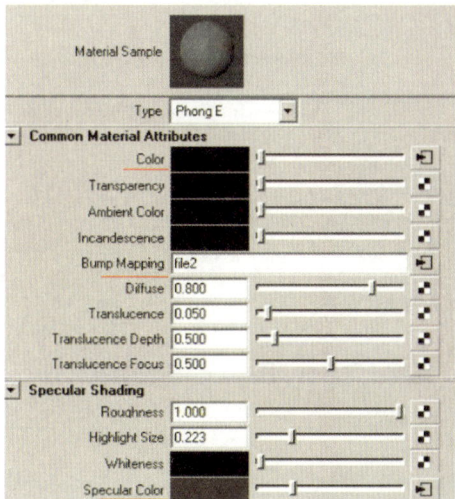

6-75

6-76

图 6-74　绘制大象各种类型的贴图
图 6-75　材质属性控制面版
图 6-76　材质贴图后的效果

图 6-77　渲染效果

6-77

本章小结

通过本章的学习，我们初步了解了游戏的 UV 概念、UV 划分、UV 坐标等知识，制作模型和深刻理解 UV 的分配及应用，是专业动画、游戏美术人员与高等艺术学院的学生必须掌握的知识和技能。

思考和练习

1. 什么是 UV？

2. 什么是 UV 坐标？

3. UV 坐标的投影方式有哪些？

4. 尝试制作一个角色模型，并施加 UV 贴图。

第七章　游戏的动画规律

第一节　运动规律基础

第二节　角色的运动规律

第三节　四足动物的运动规律

第七章　游戏的动画规律

　　游戏的动画规律是指角色的运动规律。伴随着玩家对游戏越来越高的要求和计算机能力的迅速增强，现阶段的游戏普遍采用了三维动画的形式，虽说一些软件为计算机游戏提供了很好的动画解决方案，但如果缺乏运动规律的知识，仍然不可能制作出优秀的三维动画。因此，游戏的动画规律是设计人员必须掌握的内容。

第一节　运动规律基础

　　无论是利用正向运动学，还是反向运动学，熟练掌握运动规律可以提出合理的解决方案。形形色色的知名游戏角色，无不是在遵循运动规律的基础上获得成功的（图7-1）。

一、速度

（一）什么是速度

　　所谓"速度"是指物体在运动过程中的快慢。在通过相同的距离中，运动越快的物体所用的时间越短，运动越慢的物体所用的时间越长。在动画片中，物体运动的速度越快，所拍摄的格数就越少；物体运动的速度越慢，所拍摄的格数就越多。例如篮球的运动，篮球在运动过程中，除了自身的动力变化外，还会受到各种外力的影响，如地心引力、空气的阻力以及地面的摩擦力等，这些因素都会造成物体在运动过程中速度的变化（图7-2）。也就是说在动画片中，速度由慢到快的运动为加速运动，速度由快到慢的运动为减速运动，在制作动画中主要根据具体情况具体分析安排自己的动

图7-1　各类游戏角色集合

7-1

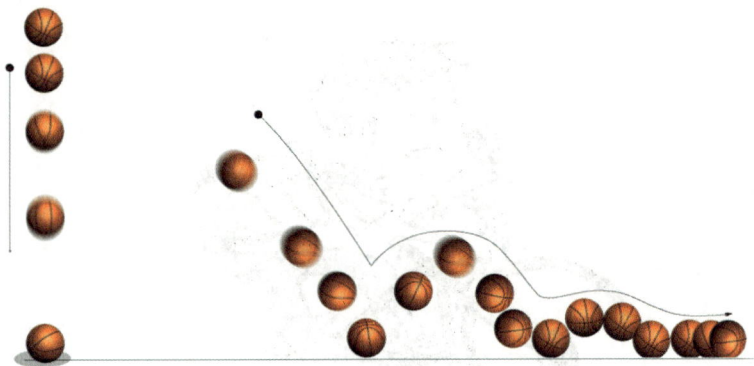

图 7-2 篮球的运动规律

7-2

画物体的速度。

（二）速度的区别

速度的种类在动画制作中是经常遇到的，如何区别速度的类型呢？如果运动物体在每一张画面之间的距离完全相等，称为"平均速度"（即匀速运动）；如果运动物体在每一张画面之间的距离是由小到大，那么拍出来在银幕上放映的效果将是由慢到快，称为"加速度"（即加速运动）；如果运动物体在每一张画面之间的距离是由大到小，那么拍出来在银幕上放映的效果将是由快到慢，称为"减速度"（即减速运动），例如把一个球拴在特定的位置，测试它的运动，可以看到它的加速度。

二、物体的惯性运动

物体的惯性运动是指物体不受任何力的作用时，还能继续保持静止状态或匀速直线运动状态，这就是通常所说的惯性运动定律。惯性定律是客观存在的。物体都具有保持它原来的静止状态或匀速直线运动状态的性质，这种性质，就是惯性。由于环境的改变，惯性也不断发生着变化，那么利用惯性原理设计动画是可以夸张的。例如在动画片中，一个皮球掉在地上因为惯性它可以继续保持原来的直线运动，但是由于地面的阻力，原来的直线运动和阻力就发生了碰撞，所以皮球摔扁了，由于皮球自身的弹力，后来又继续弹起。质量是物体的物理属性，物体的质量影响着惯性的大小。物体的质量越大，它的惯性也越大，那么它运动状态也容易发生改变；物体的质量越小，它的惯性也越小，运动状态不容易发生改变。例如，一个铅球的惯性和一个羽毛球的惯性区别是非常大的，飞机在运动中和轮船在运动中的惯性是可想而知的。作为三维动画的开发和研究，分析惯性在物体运动中的作用，掌握它的规律，在动画设定中是很重要的。在做动画的时候，要充分发挥我们的想象力，运用夸张变形的艺术手法，取得艺术感染效果。一个人骑着自行车在公路上飞速前进，这时候他预感到前面有危险，突然刹车，由于轮胎与地面的摩擦力，以及车身继续向前的惯性运动而造

图 7-3　把轮胎进行夸张

7-3

成的挤压力，我们就可以把轮胎夸张，设计成椭圆形，车身也受到惯性作用，虽然也略微向前倾斜，但变形并不明显（图 7-3）。

只要物体有运动就有惯性，飞速奔驰的汽车，当司机没有系安全带的时候，突然急刹车，司机很有可能用头把汽车前边的挡风玻璃撞坏，出现悲惨的局面。这是因为虽然汽车停止了，但是人由于惯性还在继续运动。

三、物体的弹性运动

在动画片中，物体在力的作用下，其造型和体积都会发生改变，这种改变，在物理学中称为"弹性形变"。物体在发生形变时，会产生弹力，形变消失时，弹力也随之消失。皮球受力后会发生形变，产生弹力，那么其他物体受力后，是否也会发生形变，产生弹力呢？答案是肯定的。物理学的研究已经证实：任何物体在受到任意大小的力的作用时，都会发生形变，不发生形变的物体是不存在的。当然，由于物体的质地不同，受到的作用力的大小也不一样，所发生的形变大小也不一样，产生的弹力大小也不一样。有的物体形变比较明显，产生的弹力较大；有的物体形变不明显，产生的弹力较小，不容易为肉眼所察觉。

皮球是用橡皮做的，质地较软，里面又充足了气体，因此在受力后发生的形变明显，产生的弹力大，所以弹得很高，并可以连续弹跳多次；如果是实心的木棒，它受力后所发生的形变和产生的弹力都很小；如果是铅球，它的形变和弹力就更小，几乎难以感觉到（图 7-4）。

既然物理学已经证明任何物体都会发生形变，那么在动画片中，对于形变不明显的物体，我们也可以根据剧情或影片风格的需要，运用夸张变形的手法，表现其弹性运动。如把跳起的人落地时设计得扁一些等。如同

7-4

7-5

图 7-4 不同的物体弹跳不一样
图 7-5 向后缓冲的车

表现惯性运动一样，在表现弹性运动时，也必须掌握好速度与节奏，否则就不能达到预期的效果。

　　由于每部动画片的内容和风格样式不同，所以无论是表现惯性运动还是弹性运动，其夸张变形的幅度大小也是不一样的。表现汽车的急刹车，其夸张变形的幅度在漫画风格的动画片中比在其他风格的动画片中要大得多，最好是向后缓冲一下（图 7-5）。

四、物体曲线运动规律

　　曲线运动主要是指一个物体的运动轨迹。生活中存在着大量的曲线运动，例如蛇爬行的运动轨迹、火箭发射的运动轨迹、地球运动的轨迹等。物理学研究表明，曲线运动是由于物体在运动中受到与它的速度方向成一定角度的力的作用而形成的。动画中的曲线运动符合物理学中阐述的这一原理，同样可以帮助我们理解动画中曲线运动的某些规律，但是动画中的运动可以在这个基础上进行夸张。

　　在动画中，曲线运动是经常运用的一种运动现象。一般地说，曲线运动分三种类型。

（一）"S"曲线运动

　　"S"曲线运动是指运动的时候基于"S"形状的物体，例如眼镜蛇的运动轨迹。物体本身在运动中呈"S"形的同时，其轨迹也是"S"形的，其幅度和比率都是反复形成的（图7-6）。

最典型的"S"形曲线运动，是动物的长尾巴（如松鼠、马、猫、虎等）在甩动时所呈现的运动。尾巴甩过去，是一个"S"形；甩过来，是一个相反的"S"形。当尾巴来回摆动时，正反两个"S"形就连接成一个"8"字形运动路线（图7-7）。

（二）弧形曲线运动

物体的运动路线呈弧线的，称为弧形曲线运动。例如，体育运动员用力抛出的球、战士扔出的手榴弹以及用大炮射出的炮弹等，由于受到重力及空气阻力的作用，被迫不断改变其运动方向，它们不是沿一条直线，而是沿一条弧线（即物理抛物线）向前运动的。

表现弧线曲线（物理抛物线）运动的方法很简单，只要注意抛物线弧度大小的前后变化，并掌握好运动过程中的加减速度即可。另一种弧形曲线运动是指某些物体的一端固定在一个位置上，当它受到力的作用时，其运动路线也是弧形的曲线。人的上肢的一端是固定的，因此上肢摆动时，运动路线呈弧形曲线而不是直线，胳膊的运动是以肩部为轴心进行驱动旋转的（图7-8）。

（三）物体的波形曲线运动

波形曲线运动一般比较柔软，物体在受到力的作用时，其运动路线为波形，称为波形曲线运动，例如五星红旗飘扬的运动。我们将轻薄而柔软的物体的一端固定在一个位置，当它受到力的作用时，其运动规律就是顺着力的方向，从固定的一端渐渐推移到另一端，形成一浪接一浪的波形曲线运动。红旗杆上的彩旗或束在身上的绸带等，在受到风力的作用时，就会呈现波形曲线运动（图7-9）。

曲线运动是多样的，大草原里韧性较好的野草或细长的树枝在被风吹

图7-6 "S"曲线运动现象的蛇
图7-7 动物的长尾巴"S"形运动
图7-8 胳膊运动路线呈弧形曲线
而不是直线

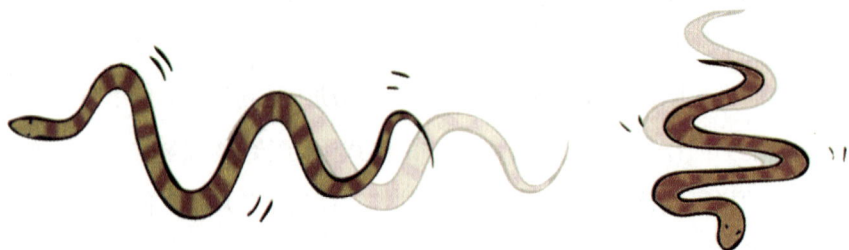

7-6

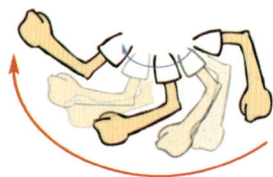

7-8

7-7

拂时，会呈现弧形曲线运动，也有可能同时呈现波形和"S"形曲线运动。在高处观看很像海洋中的波浪（图7-10）。

这里描述的只是曲线运动中的一些基本规律。在动画实践中，既要多观察也要多摸索规律。大多数动画中的运动既有波形曲线运动，也有"S"形或螺旋形曲线运动。例如，旗帜或绸带迎风飘扬就不仅仅是波形曲线运动，常常穿插着"S"形曲线运动；鱼尾巴在水中摆动，也都是比较复杂的曲线运动。此外，细长的物体在波形运动中，其尾端的运动路线往往是"S"形曲线，而不是弧形曲线。

五、牛顿第一运动定律

我们来看牛顿关于运动的描述：在客观世界中，如果一个物体不受到任何力的作用，它将保持静止状态或匀速直线运动状态，这是牛顿第一运动定律。动画中的运动一般而言也是符合牛顿第一运动定律的，不然动画就失去了真实的一面（图7-11）。

在动画中画很重的物体时，设计者必须用较多的时间去表现动作的开始、停止或改变动向，以使物体有令人信服的沉重感。设计者的任务是画出有足够的力加在物体上，使它开始移动、停止或转换方向。轻的物体阻

7-9

7-10

7-11

图 7-9　红旗呈波形曲线运动的过程
图 7-10　草的运动曲线
图 7-11　人推球的运动

力很小，当力加在它们之上时，情况会大不一样。

一个人轻轻打击气球只需很少时间，手指轻轻一弹已足够使它加速移动。当它移动时，因动能很小，空气的摩擦力使它很快减速，所以它不会移动太远，力的大小是很重要的（图7-12）。

六、物体抛入运动

将物体垂直向上抛，由于阻力，它的速度逐渐减小到零。由于地球的引力，它以加速度向下坠落。将一个篮球成角度向上抛，在一跳之间的弧度是抛物线，其后，每次弹跳的抛物线都会降低高度，因为球每跳一次就会减少一些能量。篮球每当落下的时候是扁的，然后再快速弹起。接近抛物线顶部时，球的间距较密，而向下时又因速度加快，间隔距离增大，用三维模拟效果是明显的（图7-13）。

七、旋转中的物体运动

在动画中，一个跳跃中的球或一个抛出去的球沿抛物线运动，实际上是说它的重心在沿着抛物线运动。运动中的物体的质量似乎都集中于它的重心。如果一个形状不规则的物体落下或被抛掷穿过空间，它的重心沿着

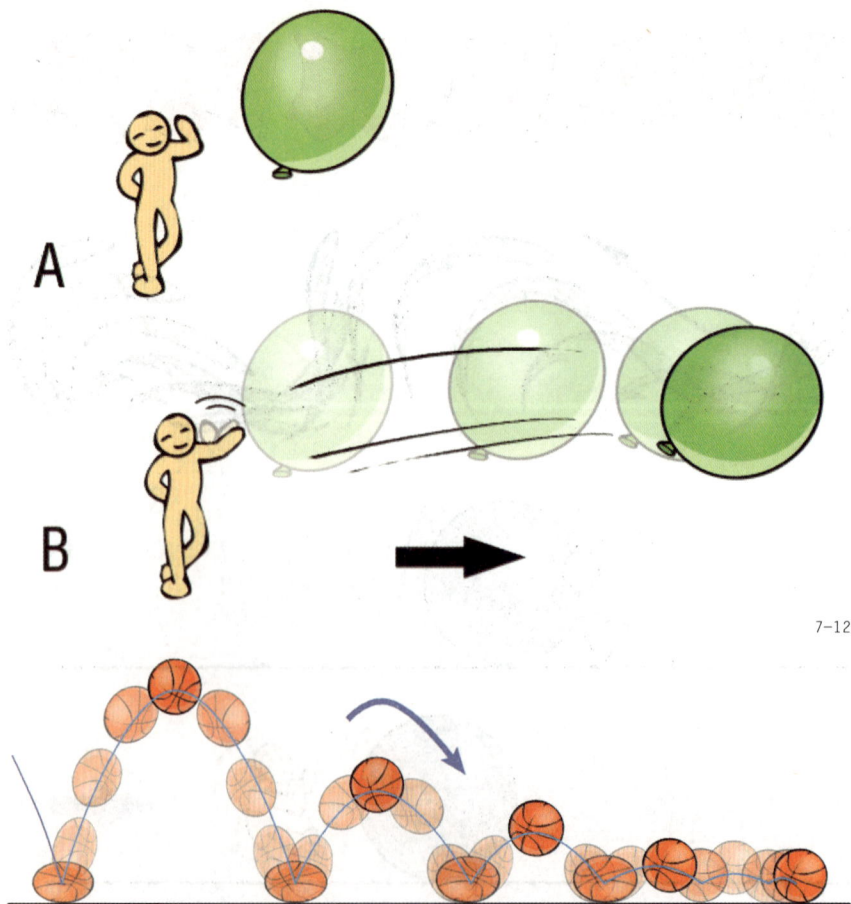

7-12

图 7-12　人打击气球的运动过程
图 7-13　物体抛入运动

7-13

抛物线运动的时间可以计算出来。大多数物体飞过空中时有旋转的倾向。作动画时，可使物体以重心为枢轴有规律地转动，而重心则沿抛物线进行运动。我们向空中抛出一个铁锤，铁锤运动可以显示旋转运动（图7-14）。

一个沉重的铁锤，它的大部分重量在金属的头部，因此，重心就接近于这一端。这样就形成榔头的连续的位置。铁锤的形状及旋转的速度和方向可能不同，但运动的原理是一样的。

图7-15所示的卡通形象很明显地说明了旋转中的物体运动。角色在灌篮的时候跃入空中，即使他身体的形状不断变化，甚至旋转着，他的重心和无生命物体一样，同样沿抛物线运动。

八、关节的肢体运动

我们假定一根木棒，如果从右边与木棒大致成直角方向拉动绳子会出现什么后果呢？首先是绳子被拉紧，绳子松的时候，木棒是不会移动的。木棒的重量好像集中于它的重心。在它的重心未与绳子成为直线之前，整根木棒不会朝绳子方向移动，而只是原地转动。直到它的纵轴和绳子成为一条直线，才开始移动（图7-16）。

7-14

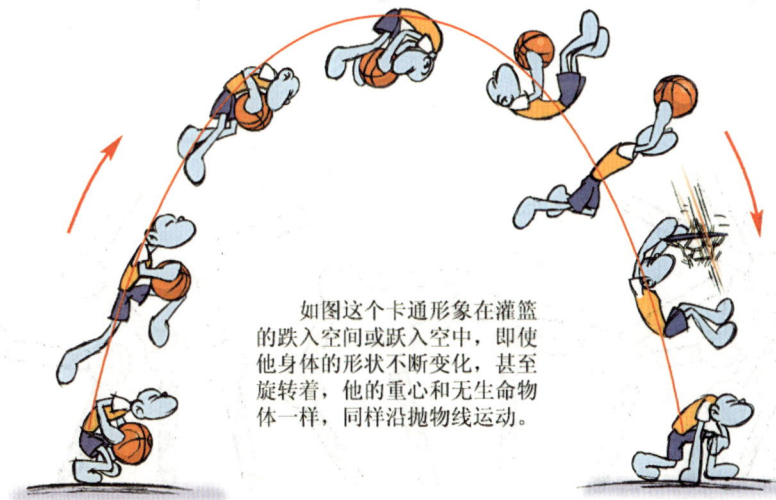

如图这个卡通形象在灌篮的跌入空间或跃入空中，即使他身体的形状不断变化，甚至旋转着，他的重心和无生命物体一样，同样沿抛物线运动。

图7-14 铁锤运动可以显示旋转运动

图7-15 角色抛物线运动

7-15

用一根绿色的木棒代替绳子，通过活动的关节与第一根木棒连接。用力拉绿色木棒，当第二根木棒向右移动时，就会发生类似的情况（图7-17）。

关节的肢体运动有的时候也是随机的。一般来说，关节非常灵活的话，黄色棒将类似图7-18中所画的那样移动，表现木棒连接的随机性。

动画中这些动作的特点是：当第一木棒加速或改变方向时，随着动的木棒的连续图形将是一边转动一边互相交搭在一起，如果有三根木棒用活动关节连接在一起，当较低的一根木棒很快来回摇动时，就可以明显地看到另两根木棒的动力所呈现的效果（图7-19）。

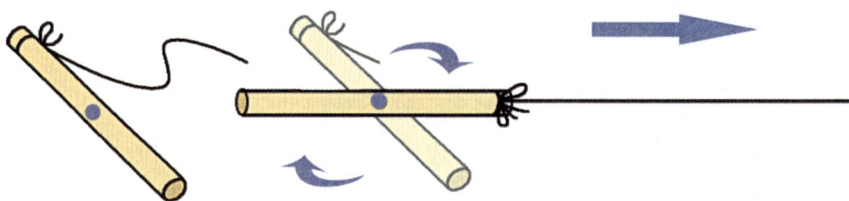

7-16

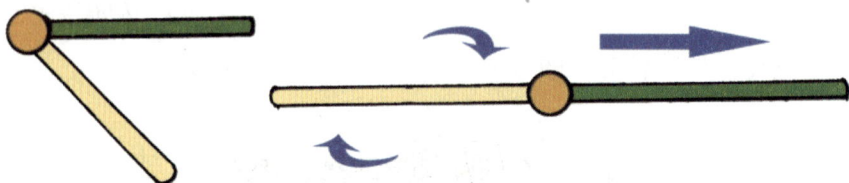

7-17

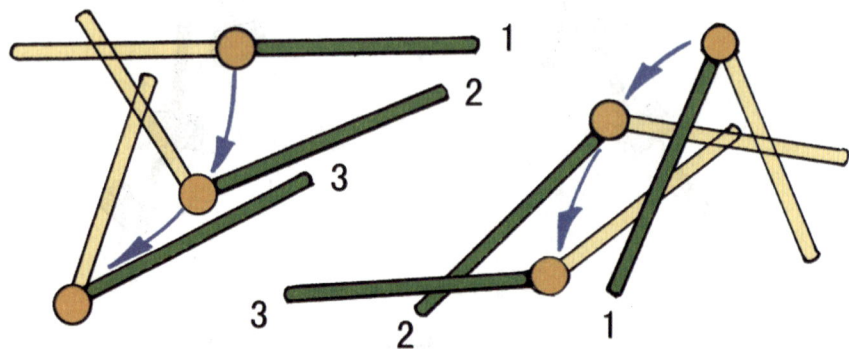

7-18

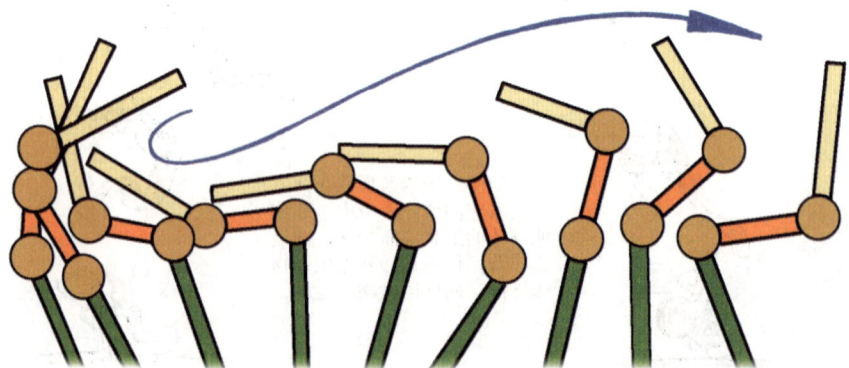

7-19

图7-16　轴和绳子成为一条直线
图7-17　通过活动的关节与第一根木棒连接
图7-18　木棒连接运动
图7-19　木棒连接运动呈现的效果

设计者往往把动作或者人体看做一组由许多部分连接在一起的一个整体。大腿由大腿骨通过球窝关节与髋部相连，而小腿在膝部有一个铰链式的关节，脚则由十分灵活的踝关节连接着，手臂也同样地连接于肩部。所以，假如一个对象的肩部被猛然向后拉动的话，只有在他的手臂被拉成与手的重心成一直线时，手才跟着移动（图7-20）。

在动画制作中，对有生命的角色来说，并不总是如此。因为，假如动作较慢，使肌肉有充分的时间收缩，便会阻止手臂完全被拉直。不过，上述这种倾向性总是存在的，设计者就是要抓住这些有倾向性的动作并加以夸张，动作越快，夸张幅度越大；假如动作方向改变，脚和手总是以重心为中心而运动，由于腕关节能弯曲，以及手和肘的牵引的作用，胳膊会向后移（图7-21）。又如当腿被抬高或放低时，脚总是朝着开始动作的方向移动（图7-22）。

九、摩擦、空气阻力和风的作用

设想一只卡通大象在狂奔，当它遇见危险的时候，要突然停下来。我们怎样去做这段动画呢？（图7-23）

如果大象在冰河上，它什么也抓不住，就会滑倒。假如它在平常的地面上，可利用地面和脚之间的摩擦力使速度放慢。当它放慢速度时，设计

图 7-20 手臂连接于肩部运动
图 7-21 手的动作方向改变
图 7-22 脚朝着开始动作的方向移动

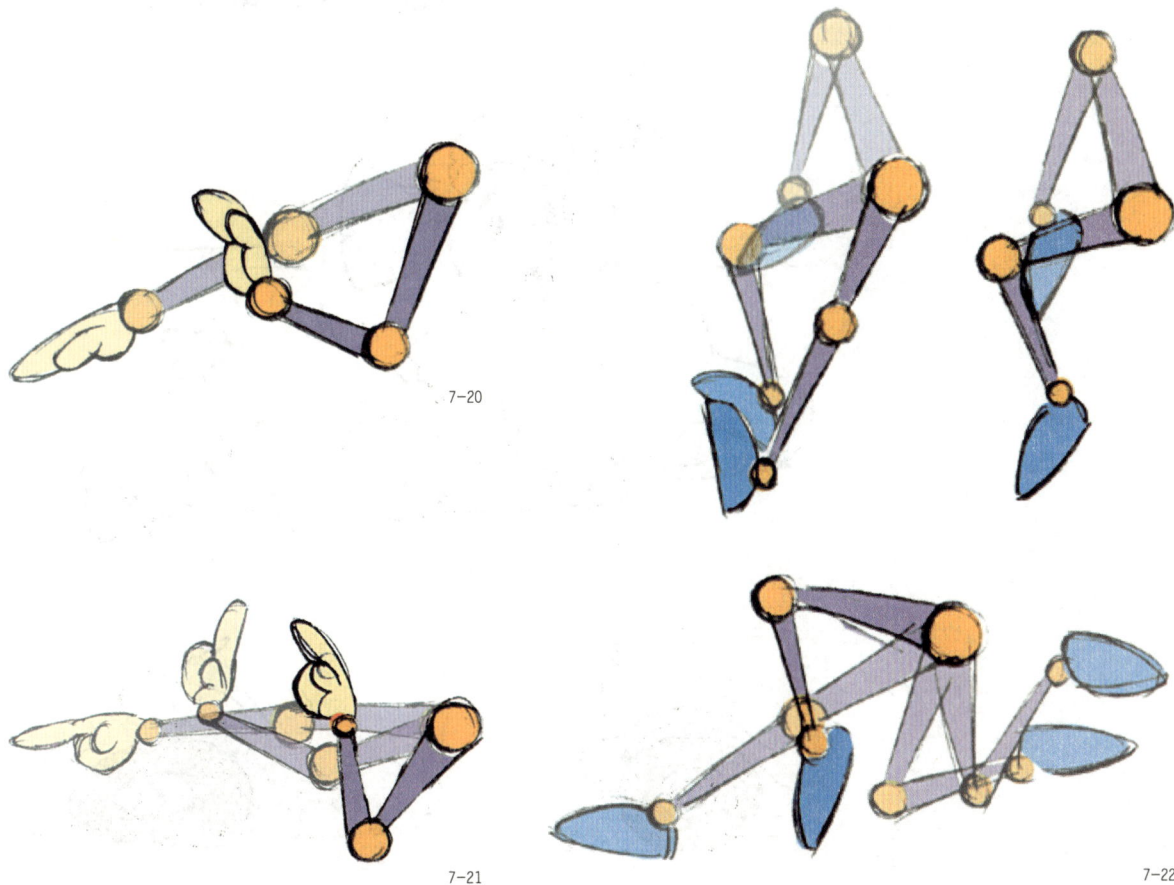

7-20

7-21

7-22

者必须将大象的重心尽可能远地放在象脚的后面。假如大象是垂直站立，摩擦力会使脚步放慢，但身体的上部仍继续很快地向前移动，它便会向前跌倒。所以身体必须向后倾斜。它需要稍微跳一下再进入这个姿势，以造成身体重量全部压在脚上的效果。后脚全部踏在地上以产生摩擦力，同时前脚的后跟部顶在地上造成最大的刹车效果，它就能很快停下。当它停下来时，必须很快使身体恢复垂直，不然会向后跌倒（图7-24）。

一个司机在开汽车时突然刹车，这个时候，可以设计轮胎压扁的造型，并且与地面的接触面加大。同时路面的摩擦力将轮胎向后拉长，司机向后靠紧拉着手动刹车手柄，这样，动画就会产生夸张而不失真实的效果（图7-25）。

7-23

7-24

7-25

图 7-23　卡通大象在狂奔
图 7-24　脚产生摩擦力
图 7-25　轮胎压扁

风是使动画生动有力的元素。它有时在动画中用速度线来表现，最常见的是借助某些动体表现风的效果，如飘动的树叶、被吹弯的树、因风速不同而出现不同的波浪等。运动中的空气在物体周围流动着、旋转着，像水一样。轻的物体，如枯叶，被风刮起，形成种种弧形或旋转状态。在固定物体背风面的下部，经常有一个空气平静的地带，堆积着被风吹来的纸、树叶等。狂风飞雪，不会堆积，除非遇到墙或别的障碍。

易弯曲的物体，例如植物或树，由于它的长度，有它自己的自然摆动周期，像一个倒置的钟摆。当被阵风吹动时，它们以一种自然节奏摆动着。一棵高树在两三秒间来回摆动，而一棵草本植物则少于一秒。风的速度和性质能被帘幕、旗帜和衣服等很好地表现出来，它们从缓慢、柔和的波浪形到非常猛烈、急速地飘动。例如布，会拉紧得好像要从它的支持物上撕开（图7-26）。

第二节　角色的运动规律

一、行走运动

人走路时，身体一上一下的动作要慢慢进入和离开原画的位置，而身体向前的动作则应始终保持一致的速度。走路曾被描写成"被控制的跌跤"——是极其纯熟而巧妙地操纵身体的平衡和重复的动作（图7-27）。

在走路动作中，身体唯一平衡的时候是在前脚后跟接触地面的一刻，这时身体重量平均分配在两脚之间。它决定跨步的长短，根据这可以算出角色走到某地需要几步。处于这一姿势时，两臂的摆动最大。实际上这是重量落到前脚过程的中间阶段。此后身体前倾，前腿膝部弯曲着去缓冲身体向下运动的重量，身体的重心在最低点，身体全部重量由前腿支持着。后脚几乎垂直，虽然后脚的足趾正好接触地面，但它在这个位置并不承担重量。弯曲的腿挺直了，身体的重心移到最高点，同时后脚向前移动。这是"向上"的位置，接着引向下一步。

图 7-26　风的速度
图 7-27　人走路的第一帧

7-26

7-27

人走路时左右两脚交替向前，双臂同时前后摆动，但双臂的方向与脚正相反。脚迈出时，身体的高度就降低，当一只脚着地而另一只脚向前移至两腿相交时，身体的高度就升高，整个身体呈波浪形运动。行走的人的运动（图7-28）可以分为客观运动和夸张运动。

脚的局部变化在走路过程中非常重要，处理好脚跟、脚掌、脚趾及脚踝的关系会使走路更加生动。

在动画镜头中，走的过程通常有两种表现形式，一种是直接向前走，一种是原地循环走。直接向前走时，背景不动，角色按照既定的方向直接走下去，甚至可以走出画面。原地循环走时，角色在画面上的位置不变，背景向后拉动，从而产生向前走的效果。画一套循环走的原动画可以反复使用，用来表现角色长时间的走动。左右两脚交替向前、双臂同时反向前后摆动是大家都知道的道理。顺拐的姿态是很难看的，前后摆动的错误在动画绘制过程中常常发生，值得注意（图7-29）。

走路姿势有许多变化。例如，进攻势的走路，身体倾向前，下巴凸出，拳头握紧；自以为是的人走路，身体略向后倾，胸部凸出，肩部动作较大，"跨步"位置很高；疲倦的人走路，身体和头低垂，手臂松弛地下垂着，脚拖曳在地上。除了正常的走姿，不同年龄、不同的场合、不同的情节，会有不同的走路姿态。常见的有昂首阔步的走、蹑手蹑脚的走、垂头丧气的走、踮着脚走、跃步等（图7-30、图7-31）。

我们以10张原画为例加以说明。画面上是人行走时的一个完整步骤，即左右脚各迈一次。动画1和动画10的动作正好可以相接起来，这样就能把这一组行走的动作反复用，甚至使之无限地走下去。这种画法我们称

图7-28　人走的步骤
图7-29　走路不要顺拐
图7-30　走的背面镜头

7-29

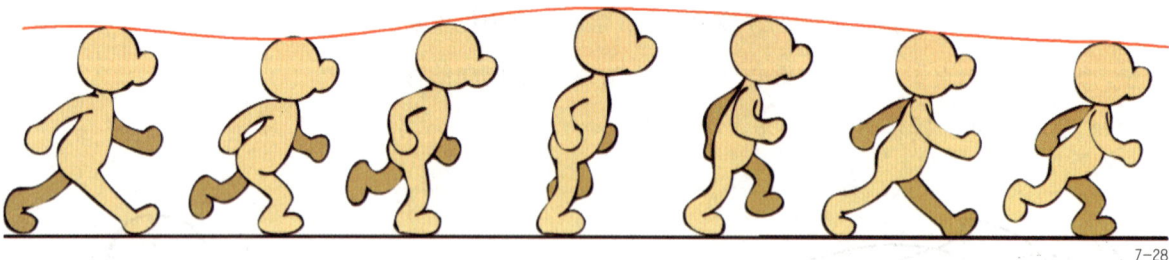
7-28

7-30

为循环走。图7-32用10张画面表现了垂头丧气走的完整过程，注意腰的前后摆动和手臂的摆动幅度，在动画中这个过程是可以循环播放的。

鬼头鬼脑的动作是常用的滑稽动作，重心降低，头部前倾上下摆动，注意脚步与腿部的细节变化（图7-33）。

蹑手蹑脚的动作也是很有意思的，腿脚抬起迅速，抬起后略慢，下踏时迅速，下踏后着地的动作轻缓。整个运动弹性强，走路的造型夸张而引人捧腹（图7-34）。

二、人快跑动画循环

人跑步与走路的姿态是有区别的。跑步的时候必须注意起跑时的动力和身体的倾斜角度，跑动时身体前倾，双臂向上提起，双脚跨开。通常跑步时，双脚交替落地，幅度大的步幅中，双脚会有一个同时离地的过程。跑动时，双臂不停地摆动，身体高低起伏的波浪形曲线运动幅度要比正常走路时大得多。不同的场合及不同的情节、不同的年龄跑起来是有区别的，会有不同的跑步姿态。常见的有快跑、慢跑、跳跃跑。跑有两种表现方式，

游戏的动画规律

图 7-31　走的正面镜头
图 7-32　垂头丧气地循环走
图 7-33　鬼头鬼脑的动作
图 7-34　蹑手蹑脚的动作

7-31

7-32

7-33

7-34

一种是沿着路线跑；一种是原地踏步循环跑。人跑起来的时候大约倾斜角度为25°（图7-35～图7-37）。

8幅画面就可以组成一组循环动画（图7-38～图7-41）。

身体一般向运动的方向倾斜，但为了喜剧效果，有时也应用身体向后倾斜。如果需要一个比8格循环更快的奔跑，那么，每张动画可能要画上几只脚的位置去填满动作的空当，或者把腿画得模糊不清，完全使用速度线进行虚化处理。

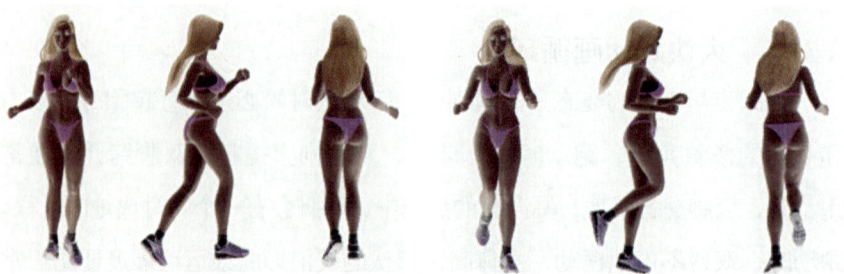
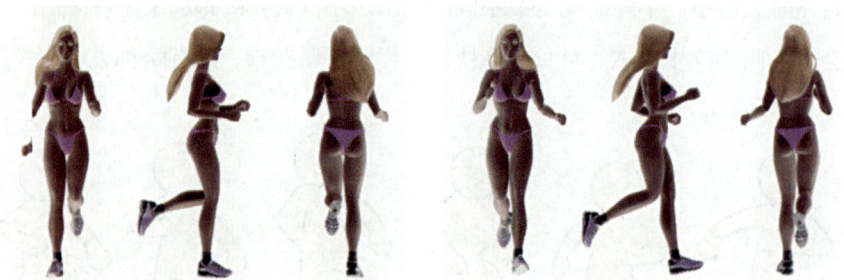

7-35

7-36

7-37

7-38

图7-35　跑的动作
图7-36　跑的循环
图7-37　不同的跑步姿态
图7-38　跑的正面

7-39

7-40

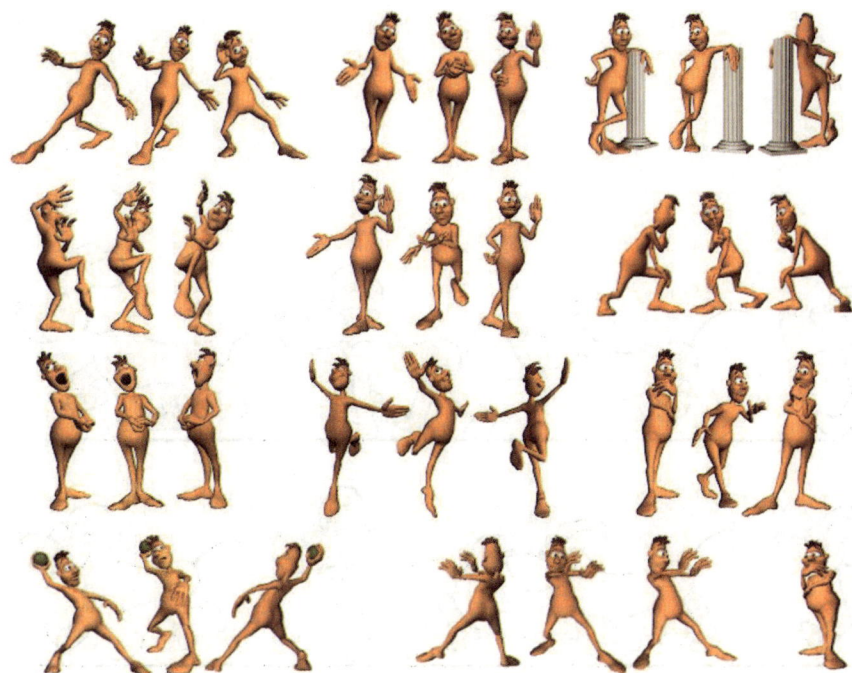

图 7-39 跑的背面
图 7-40 人的蹦跳动作
图 7-41 角色的动作

7-41

第三节 四足动物的运动规律

哺乳类动物基本上都是四条腿走路，前腿抬起时，腕关节向后弯曲，后腿抬起时，踝关节向前弯曲，四条腿两分两合形成一个完整的步子。走动时因腿部的分合运动使身体有高低变化。通常前腿迈出着地时，头会向下点动，以保持身体的平衡。狮、虎、豹等爪类动物因关节运动不明显，所以动作较柔软（图 7-42），而马、羊、鹿等蹄类动物因关节运动明显，使人感到动作生硬。

　　四足动物除了正常的行走姿态，不同的场合、不同的情节，会有不同的姿态。常见的有昂首阔步的走、蹑手蹑脚的走、踮着脚走、快走、趴着走等（图7-43～图7-47）。

　　画蹑手蹑脚走时，为了不发出声音，走动时身体和前肢轻轻地抬高又悄悄地放下，动作起伏很大。躯干与前肢的动态线弯曲成S形，是表现"蹑手蹑脚"非常关键的一个动作（图7-48）。

　　兽类趴着走时，身体重心放在前胸，臀部起伏大，注意躯干呈一上一下正相反的弧形运动。

　　马一般走完整的一步也就是从"后左"到"后左"。如果是随意地走

图7-42　豹的奔跑
图7-43　小狗侧面的走
图7-44　小狗正面的走
图7-45　恐龙的走

7-42

7-43

7-44

7-45

着, 各只马蹄都以同等的时间间隔接触地面。马蹄接触地面的顺序是:后左,
前左, 后右, 前右——后左, 前左, 后右, 前右; 以此类推 (图7-49)。

　　马在飞奔中, 一个完整的步子需要半秒。马蹄接触地面的次序是: 后
左, 后右, 前左, 前右——暂停——后左, 后右, 前左, 前右, 以此类推。
两条后腿做同样的动作, 彼此之间互相协调, 两条前腿也是如此, 两条前
腿用力一蹬之后, 马随即腾空跃起 (图7-50)。

　　动物走路时, 一半时间大致由两条腿支撑, 另一半时间由三条腿支撑。
四足动物开始走路时经常是后腿之一先跨步, 接着是同一侧的前腿。四足
动物走路时不像人走路时那样须有压低姿势, 这是因为每当一侧的前脚刚
一接触地面, 同侧的后脚马上离开地面。猫的运动就是如此, 主要由后腿

图7-46　马的走
图7-47　小狗谨慎地走
图7-48　小狗蹑手蹑脚走
图7-49　马的奔跑

7-46

7-47

7-48

7-49

7-50

7-51

图 7-50　马奔跑的运动规律
图 7-51　猫的运动

推动起跳，推动动作之后，猫就腾空。肩部和臀部抬起又落下，造成背部线条的摆动，当肩部向下前腿承担身体重量时，头部倾斜成略接近地平的角度，脊柱同时也一屈一伸。这些动作对猫来说非常明显。当后腿向前时，背部较低的一半明显地隆起，而当后腿推动身体跳跃时，脊柱伸展成一相反的弧度。在疾驰中，髋关节起很大作用，而大腿的前后动作和脊柱的一伸一缩，使它的身体交替变成一长一短的形象。譬如猫来自后腿的一个大的跳跃，爪接触地面的次序是：后左，后右——暂停——前右，前左，后左，后右，以此类推（图 7-51）。

本章小结

本章重点是为大家制作游戏提供动画理论上的指导，对物体的运动规律作了详细的讲解。动画规律是游戏设计人员必须掌握的内容。

思考和练习

1. 如何绘制角色的行走？
2. 如何绘制四足动物的行走？
3. 分析马奔跑的运动规律。

第八章　游戏的界面设计

第一节　游戏界面设计概述

第二节　游戏界面设计赏析

第八章　游戏的界面设计

　　界面，英文称为 UI（User Interface），具备审美和易用双重功能。这里谈及的游戏界面，主要是指计算机屏幕所显示的，感应于人的视觉的界面，即游戏图形用户界面。优秀的游戏界面设计，应该让玩家忘记他们正在使用计算机，而真正地沉浸在游戏中。这就需要设计者具有丰富的想象力和体验能力以及用户需求的分析能力，能够在代码被写出来之前想象其功能的逻辑和细节，并准确地表达出来，还要掌握游戏玩家的心理和游戏界面设计的规律及特性。

第一节　游戏界面设计概述

一、游戏界面设计的原则

　　优秀的界面设计要考虑很多因素，例如色彩、图形、构成、动画等，如何快速、及时、准确地被玩家掌握，使其有兴趣地进入游戏状态，这些都是很重要的。因此，视觉设计的创意和技巧在这里起着举足轻重的作用。游戏界面设计除了考虑字体设计、色彩设计以外，更重要的是考虑对游戏主题的准确传达。好的界面设计是吸引用户的一扇窗户。游戏的界面可以让玩家接触到游戏的初始画面与主菜单和层级菜单的功能，其最基本的目的是为玩家提供一个游戏导航，以便玩家更好地了解游戏的各项功能，例如存档、装载、游戏控制面板的设置等。

　　游戏界面的设计不但要遵循形式美的法则和视觉构成要素，而且要符合游戏的创意和主题思想。在游戏界面设计中，无论是一张静止的画面，还是一个可供单击选择的交互菜单，或是一个为游戏战略服务的导航地图，都应该遵循游戏内容的主题风格，这是游戏界面的核心目标。失去游戏主题而仅仅追求视觉效果的炫酷没有任何意义。在玩家进行游戏的过程中，所有元素都应该容易被玩家理解和接受，让游戏界面尽可能地符合视觉享受。当然，你可以提供一个帮助按钮，但是不要期望所有的玩家都去单击它。对游戏界面设计者而言，所有元素都应该被看做与用户交互界面的一部分，不管它是一段视频动画，还是一个连接按钮，其设计都要遵循一定的原则。下面列出两个要点。

　　（1）服务于游戏主题。游戏界面设计中的所有构思和创意都要围绕游戏的主题进行，包括整体风格的确定、颜色搭配的方案、界面的布局规划以及界面中的所有元素，都要服务于游戏的主题。例如，游戏画面、菜单和控制栏的设计都应符合游戏所营造的氛围。如果游戏反映的是中世纪欧洲的故事，那么界面中所有相关元素都要是中世纪欧洲的设计风格，甚至应该将界面的元素伪装成游戏世界的一部分。按钮较多时，需要使常用按钮更加突出，并注意按功能划分将按钮以不同样式、颜色的方式编组。这种视觉连续性增加了游戏过程的美学享受并增强了沉浸于游戏世界的幻觉感。所以说，主题鲜明是开启游戏界面设计的第一步。例如，在游戏《职业特工队2》中，游戏界面采用了黑色和红色作为主调，表达的是一种积极进取的精神和英雄气概，动态菜单等超酷的视觉效果把我们带进了一个虚幻的世界，黑色的庄严和神秘始终伴随着游戏的始终，完美烘托了游戏的整体气氛（图8-1~图8-3）。

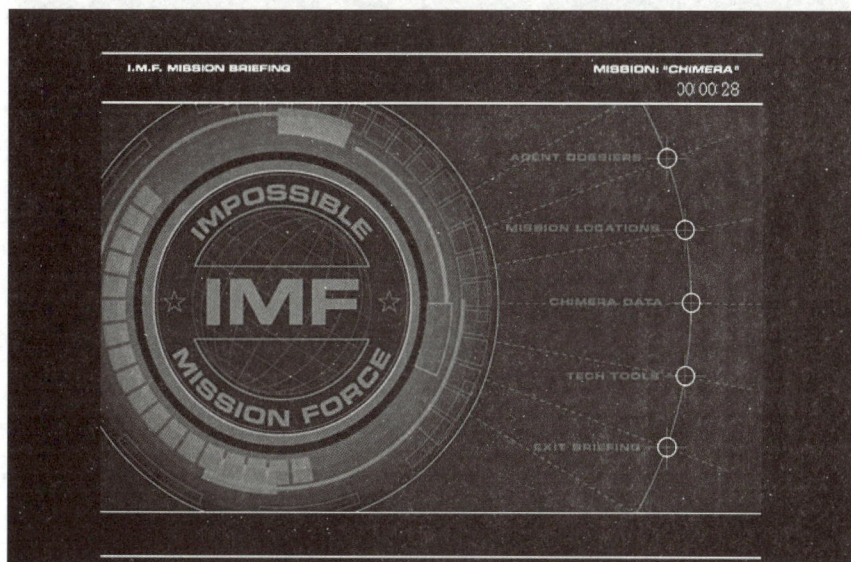

8-1

8-2

图 8-1　运用点、线、面设计的游戏界面
图 8-2　游戏启动界面视觉效果

8-3

8-4

图 8-3　黑色和红色作为主调
图 8-4　《雷神之锤 4》

（2）服务于玩家体验。有经验的设计者会在设计过程中注意游戏界面元素的布局、视觉流程的规划和颜色的搭配等。游戏界面的设计也要遵循对比、协调、趣味性、韵律感等视觉设计的一般原则，遵从画面中主体与背景的层次感和浏览的先后秩序。视觉传达设计的技巧，是游戏界面设计者必须具备的基本功。

游戏界面的信息传达一定要明确，不能含糊不清。所有的导航设置，包括菜单和连接按钮，层次要清楚，结构关系要明确。设计者运用视觉设计的技巧，所设计的别致按钮、精美的图标，在让玩家感到赏心悦目的同时还要易于操作，防止繁琐。界面的布局要符合玩家的一般习惯，例如要符合计算机操作系统的一般布局规律。设计用户界面的目的就是提供一条通道，让玩家以最快速有效的方式来体验游戏的快乐。《雷神之锤 4》的标志在整个 UI 设计中贯穿其中，效果超酷（图 8-4、图 8-5）。

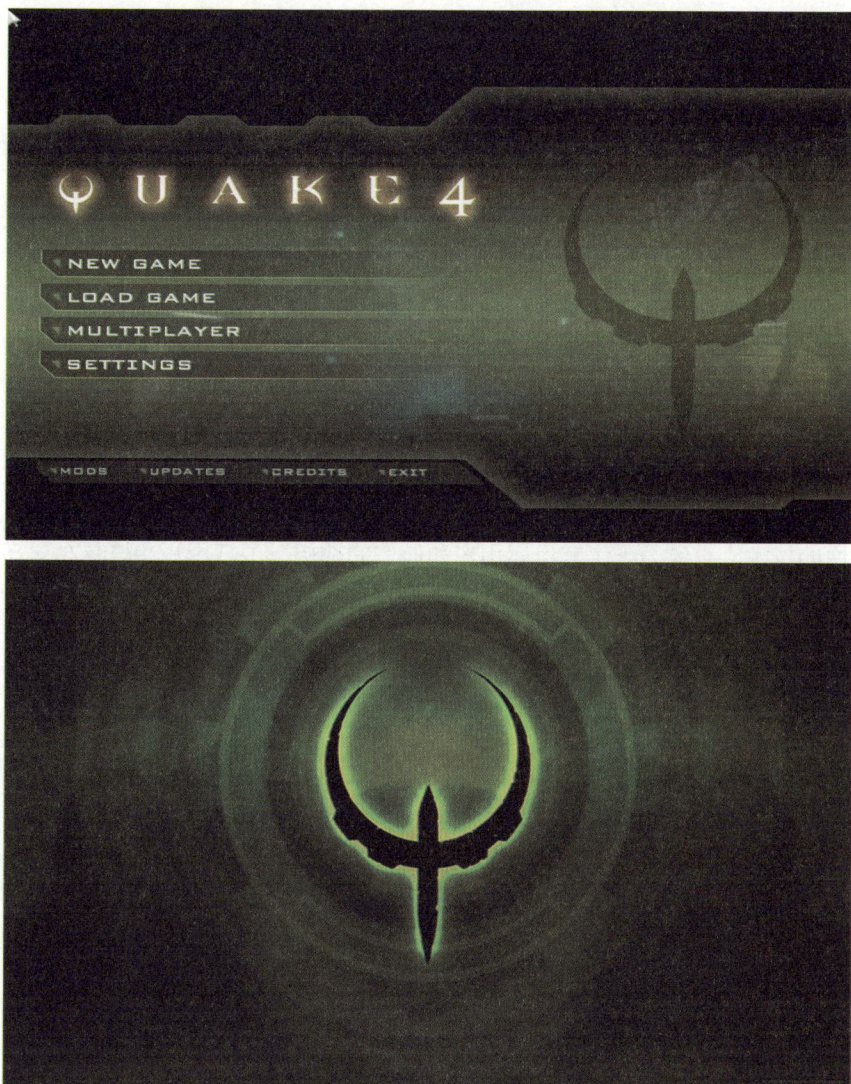

8-5

图 8-5 《雷神之锤 4》的菜单和
启动界面

二、游戏界面设计的内容

游戏界面设计归纳起来不外乎三项内容，分别是结构设计、交互设计、
动画效果设计，每一项设计都要根据游戏的特性和游戏性质来决定。

（一）游戏界面的结构设计

结构设计也称为概念设计，是游戏界面设计的重要骨架。一款游戏通
过对各种任务的研究和分析制定游戏的整体结构和布局。在结构设计中，
各种功能图表、图标、文字、目标定义、逻辑分类都是基于对玩家的理解
和便于操作的前提。游戏界面的结构设计除了考虑文字设计、色彩设计以外，
更重要的是考虑对游戏主题的准确传达。好的结构设计界面是吸引用户的
一扇窗户。通过游戏的界面可以让玩家接触到游戏的初始画面与主菜单和
层级菜单，其最基本的目的是为玩家提供一个游戏结构导航，以便玩家更
好地了解游戏的各项功能，例如便于存档、装载等，游戏关口、设卡、检
索与设置是很容易找到的，玩家可以根据界面的结构一目了然地进入游戏

的世界,例如《王国兴起》游戏的界面设计就是基于结构设计的(图8-6)。

(二)游戏界面的交互设计

交互性设计是游戏的灵魂。机器的任何功能都是以人为主体的,任何设置都是基于人与电脑的交互,所以界面的作用同样在于实现人机交互。对计算机游戏而言,玩家玩游戏的过程,实际上也是一个通过游戏界面实现人、机互动的过程。游戏的交互设计是基于数据编程和虚拟设计的。当用户在玩游戏时,在屏幕上看到的所有元素都是前端显示的一部分,例如温度计、方向盘、地图、导航、玩家的得分等,前端显示设计的目的就是快捷地为玩家提供相关信息,引导互动。

从用户角度来说,交互设计是一种如何让游戏易用、有效而且让人愉悦的技术,它致力于了解目标用户和他们的期望,了解用户在与游戏交互时彼此的行为,了解"人"本身的心理和行为特点。同时,还包括了解各种有效的交互方式,并对它们进行增强和扩充。交互设计涉及多个学科,以及与多领域、多背景人员的沟通。计算机游戏界面交互性的设计首先应该遵从软件界面设计的通用性原则,具备以下功能。

(1)反馈:随时将正在做什么的信息告知用户,尤其是响应时间十分长的情况下。状态:告诉用户正处于系统的什么位置。

(2)脱离:允许用户中止一种操作,且能脱离该选择,避免用户死锁发生。默认值:只要能预知答案,尽可能设置默认值,节省用户工作。求助:尽可能提供联机在线帮助。

(3)复原:在用户操作出错时,可返回并重新开始。简化:尽可能减轻用户记忆,如简化对话步骤、采用列表选择、对共同输入内容设置默认值、

图8-6 《王国兴起》游戏的界面设计

8-6

系统自动填入用户已输入过的内容等。这部分的内容在软件界面设计的可用性研究中有较详尽的阐述和评价标准。

在游戏的交互界面中，一般包括动态元素和静态元素，要注意动态部分和静态部分的配合。动态部分包括动态的画面和事物的发展过程，静态部分则常指界面上的固定元素。静态元素一般作为视觉主题背景出现，动态元素则要交代玩家交互选择的内容，起到引导玩家的作用。图8-7所示为《大唐豪侠》游戏界面交互指示设计。

（三）游戏界面的动画效果设计

游戏的动画效果设计也是游戏中精彩的组成部分，例如《魔兽世界》的开篇即是一段震撼人心的游戏动画。游戏界面的动画效果设计可以起到画龙点睛的作用，例如在《"二战"英雄》中，完美的三维效果让玩家心动，知道马上就要加入游戏的行列了（图8-8）。

8-7

8-8

图8-7 《大唐豪侠》游戏界面交互指示说明

图8-8 《Heroes of World War》动画界面

第二节　游戏界面设计赏析

一、《星球保卫战Ⅲ》

《星球保卫战Ⅲ》（*Star Defender* Ⅲ）是一款飞行射击的游戏。本款游戏发生在遥远的卡西玛星球，浩瀚的宇宙，繁星点点，加上有点 Q 版的飞船，显得格外诱人。在游戏中，大量的飞船来攻击星球，而玩家的任务就是保卫自己的家园。玩家驾驶的是最新的守护神号飞船，随着游戏的进展，可获得强大的防卫系统来提升自己的战斗力。在快节奏的音乐背景和子弹射击声的衬托下，星球大战的氛围非常浓厚。赏心悦目的游戏界面设计堪称游戏中的经典，许多关卡的设计都具有无比的吸引力。游戏的界面设计在构成要素、色彩基调、绘制主题画面、字体设计等方面都是很优秀的。设计是一种生产力，这款游戏的界面设计使游戏具有了无穷的魅力（图 8-9 ～图 8-12）。

二、《魔兽争霸》

1995 年发行的即时战略游戏《魔兽争霸 2》（*Warcraft 2*）直到今天还深得玩家喜爱。它随后发行了一系列互联网支持的战网版本。《魔兽争霸》系列一直以玩家们所熟悉的全三维化兽人与人类之间的战争为主题。游戏的界面设计，在底部几乎占了一半屏幕的控制面板，包括微型地图、信息面板以及提供人物头像的区域。值得一提的是，游戏采用了环境互动效果。当部队通过浅水时，会伴随产生一些和谐的水纹波动。树木和岩石可以被特定的攻城武器摧毁，一些魔法甚至可以升高、降低一片树林，以方便防

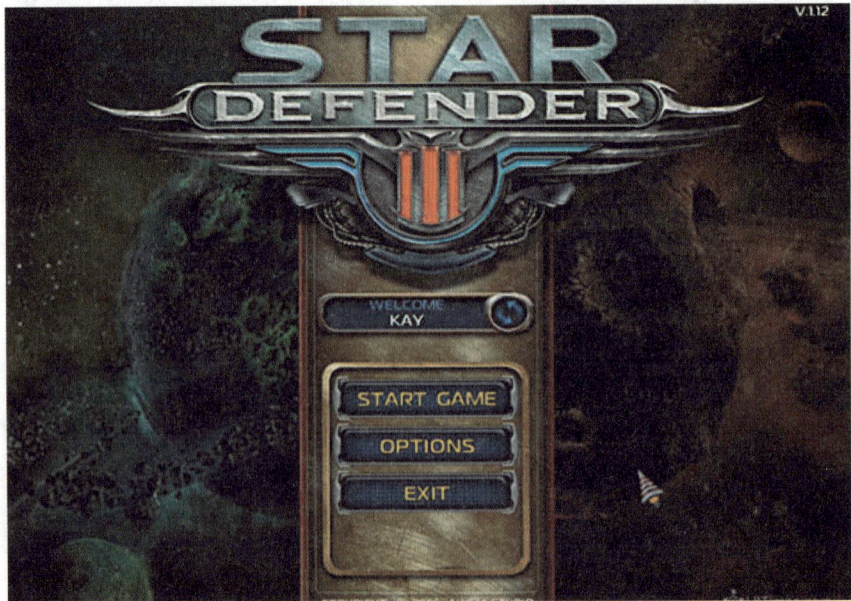

图 8-9　《星球保卫战Ⅲ》主题界面

8-9

8-10

8-11

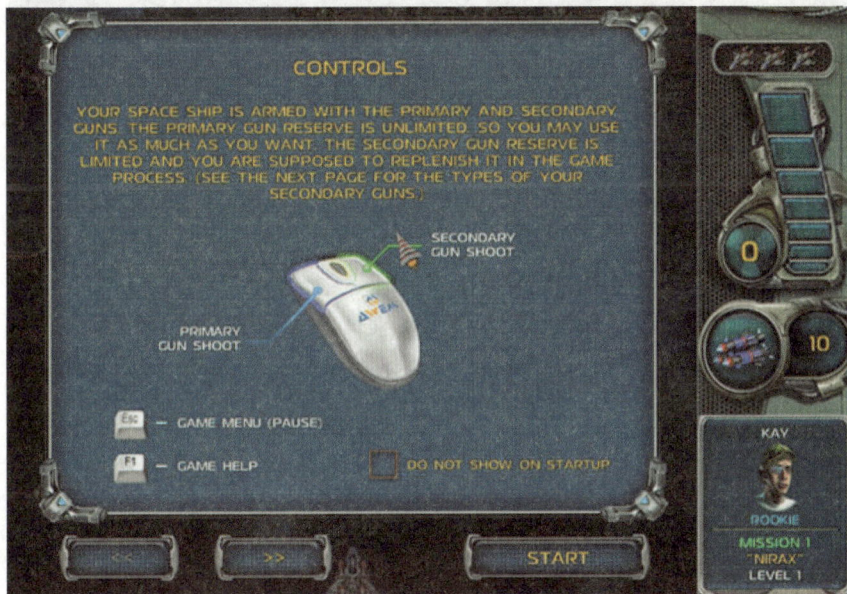

8-12

图8-10 《星球保卫战Ⅲ》次级界
面（1）

图8-11 《星球保卫战Ⅲ》次级界
面（2）

图8-12 《星球保卫战Ⅲ》次级界
面（3）

守或进攻。不同部队通过不平坦地形时的状态也被真实地表现出来，步行部队可以继续保持平衡，而攻城器如弩车就会适当地产生倾斜、摇摆等。游戏中的画面也秉承 Blizzard 的一贯作风：精细的细节描绘，以及与众不同的色彩对比（图 8-13～图 8-16）。

三、《帝国时代Ⅲ》

即时策略游戏《帝国时代Ⅲ》（*Age of Empires* Ⅲ）是一部经典之作。游戏背景设定在北美大陆，时间跨度从 1500 年到 1850 年，描写的是西方列强在殖民时代的纷争。《帝国时代Ⅲ》中提供了真实的战斗物理特效和空

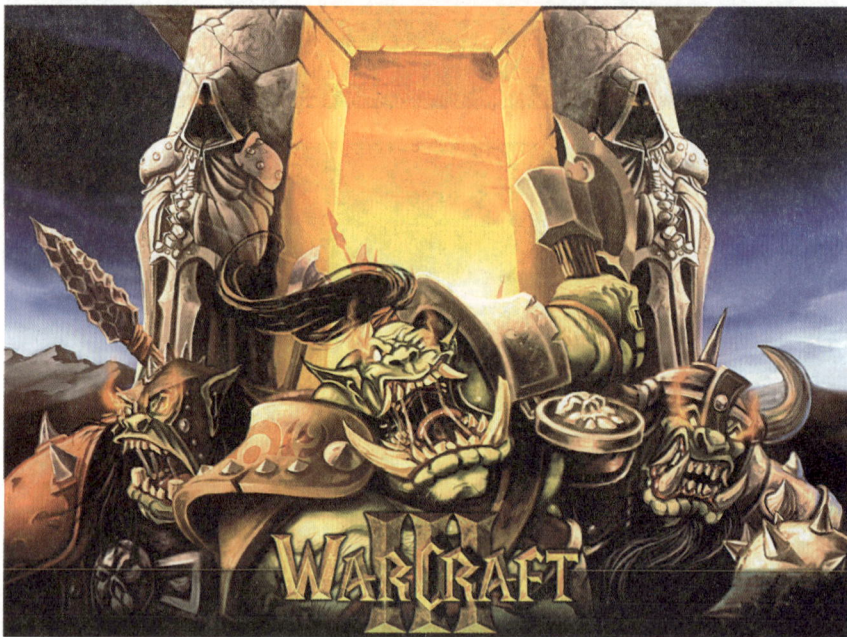

8-13

8-14

图 8-13 《魔兽争霸》界面设计（1）
图 8-14 《魔兽争霸》界面设计（2）

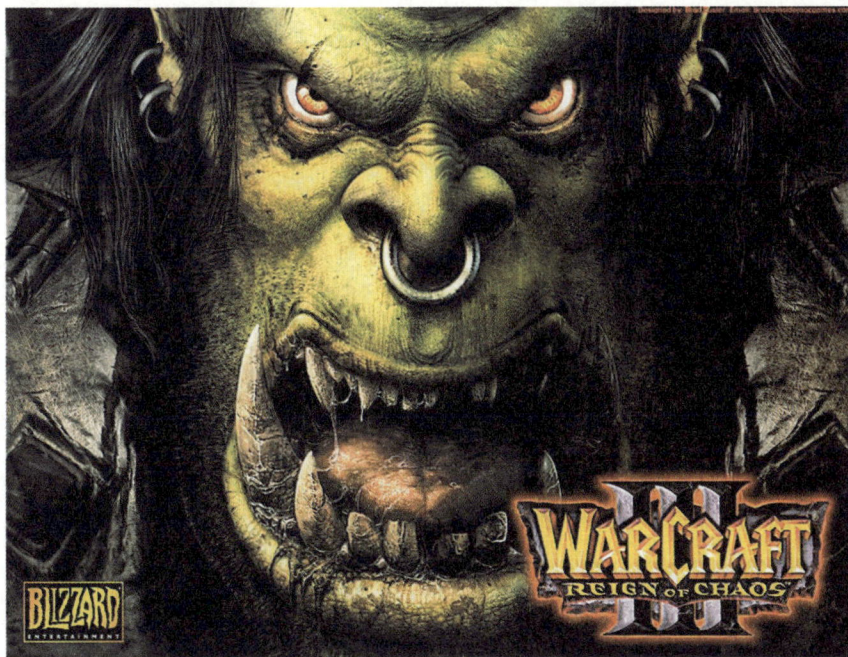

8-15

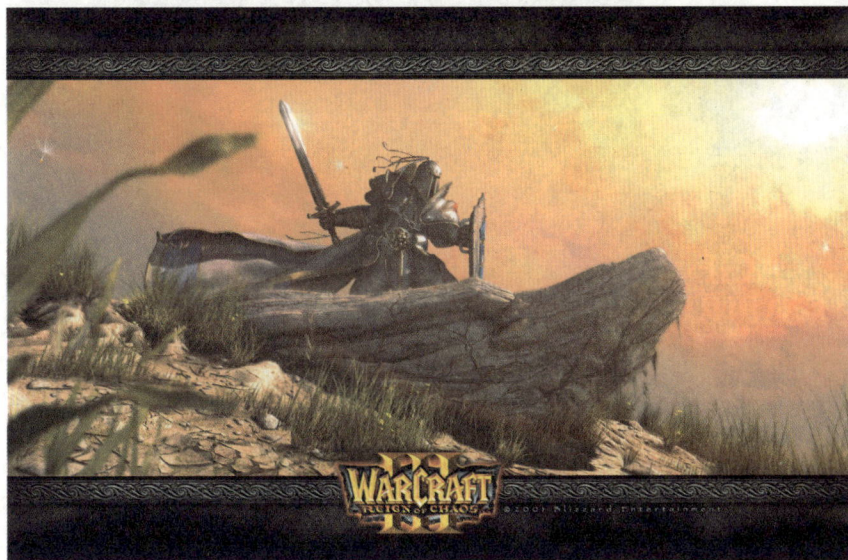

8-16

图 8-15 《魔兽争霸》界面设计（3）
图 8-16 《魔兽争霸》界面设计（4）

前的视觉效果。

　　《帝国时代Ⅲ》为游戏的视觉效果创立了一个新的标准，拥有令人惊讶的真实感。画面中的水面非常生动，当战船开炮使船只来回地震动时，水波会轻轻地拍打巨大的船体。与建筑物相同，船只被大炮击中时也会变成大大小小的碎块，四周都伴随着火焰和硝烟，场面看上去非常壮观。其他军事单位也都有大量的令人激动的细致的动作，此外还有大量不同的环境，从茂密的南美洲丛林到寒冷的育空河等。战斗场面总有一些非常残酷的画面，尤其是在大型武器出现后，例如当一发炮弹击中步兵方阵的一侧时的场面。所有的画面都让玩家惊叹不已。游戏还会根据玩家机器的配置自动调整视频设置（图 8-17～图 8-19）。

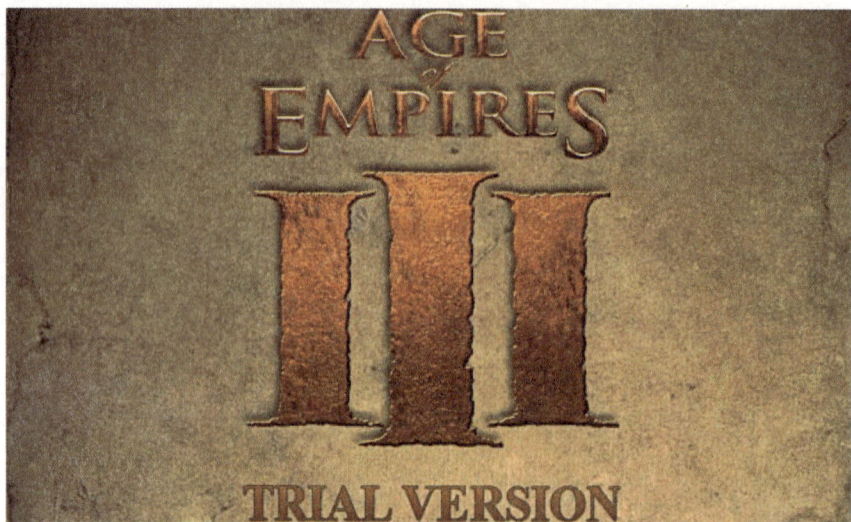

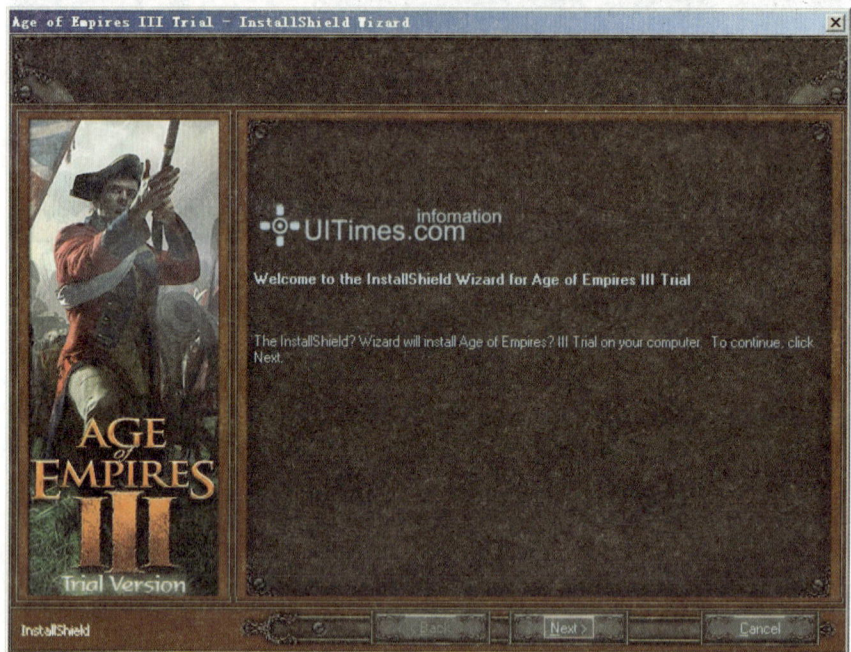

图 8-17 《帝国时代Ⅲ》界面设计（1）

图 8-18 《帝国时代Ⅲ》界面设计（2）

图 8-19 《帝国时代Ⅲ》界面设计（3）

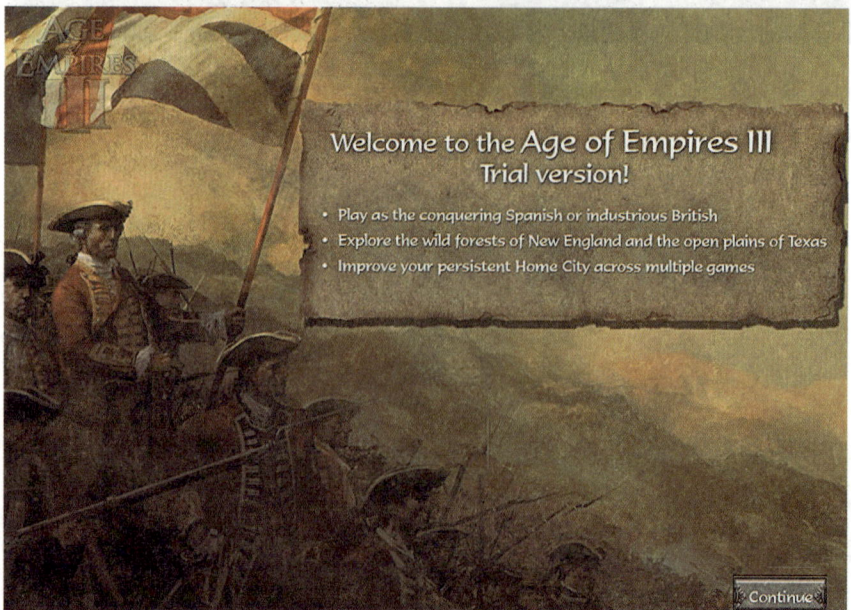

四、《战锤 40000》

　　《战锤》系列有着悠久的历史，是一款科幻风格即时战略游戏。玩家需要从七个种族中选择自己的一方，通过战争获得 Kronus 行星的统治权并揭开这个行星中隐藏的黑暗秘密。游戏内容包括在庞大地形上进行史诗般的战役，惊险刺激。值得一提的是，在视觉效果方面，游戏中的 CG 动画长达 180 秒，电影级的效果极度震撼人心。另外，玩家可以通过鸟瞰的方式，一直下降到可以看到一个士兵盔甲上的徽章。界面设计使得这款游戏变得好看、大气，金色的字体使得界面炫酷无比。主体画面看起来具有历史沧桑的感觉，地图的设计又为整个游戏增加了几分神秘的色彩（图 8-20~图 8-22）。

图 8-20 《战锤 40000》主体画面

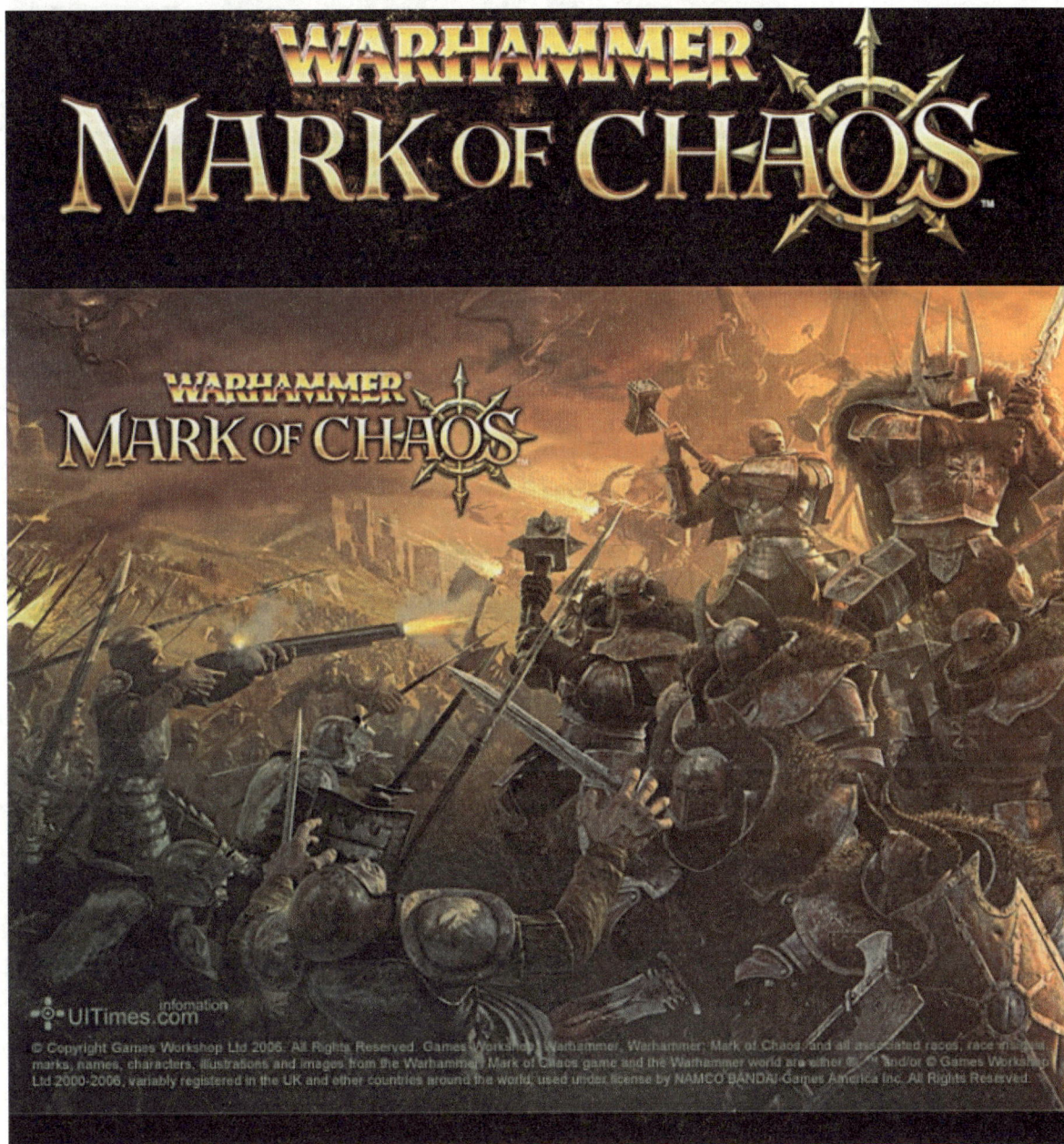

8-20

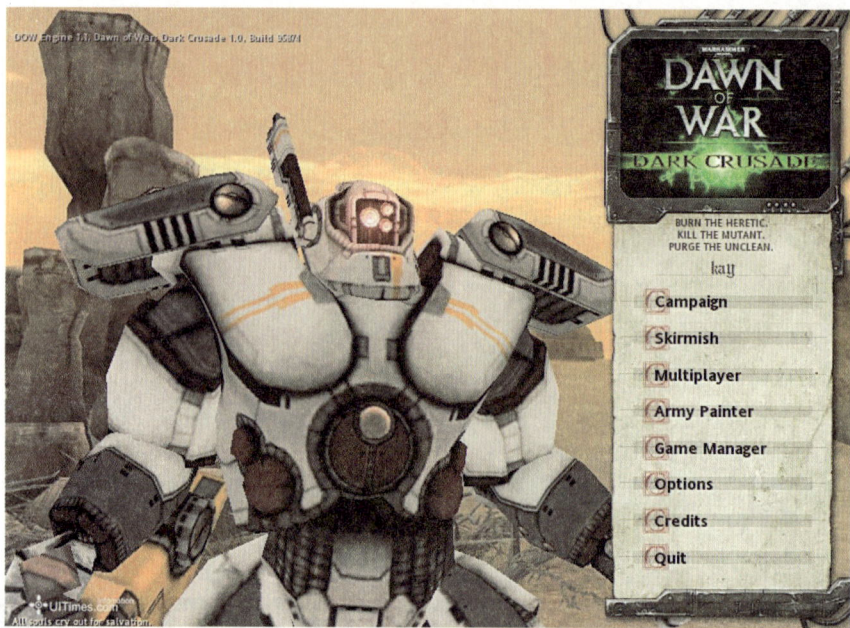

8-21

8-22

图 8-21 《战锤 40000》界面设计
（1）
图 8-22 《战锤 40000》界面设计
（2）

五、《Mordillo Jungle Fever》

《Mordillo Jungle Fever》是 Phenomedia 发行的精彩 Q 版小游戏，画面背景采用 Q 版三维场景，角色造型应该来自 Mordillo（莫迪洛）的漫画。游戏的创意很简单，玩家要从森林的另一端找到自己的心爱之人，还要抱着她荡回去，有点像《人猿泰山》中的情节。中途会有长颈鹿伸出脖子来问候你，鳄鱼会威胁你的安全，一不留神大象的鼻子也被你当做树藤了。界面设计的卡通化和趣味性是这款游戏的特点（图 8-23～图 8-25）。

8-23

8-24

8-25

图 8-23 《Mordillo Jungle Fever》
游戏开始界面
图 8-24 《Mordillo Jungle Fever》
场景关卡设计
图 8-25 《Mordillo Jungle Fever》
游戏视觉效果

图 8-26 《海底打砖块》游戏界面

8-26

六、《海底打砖块》

《海底打砖块》（*Treasures of the Deep*）是世界著名小游戏制作公司
Reflexive 的一款产品，最适合玩家无聊烦闷却又不想动脑的时候娱乐。这
款游戏在界面设计上也是 Q 版风格，画面精美，音效绝伦（图 8-26）。

本章小结

通过本章的学习，我们初步了解了游戏界面设计的基本概念以及游戏
界面的设计原则和内容。在设计实践中，要时刻考虑到玩家的需求，做到"以
人为本"。优秀的游戏界面设计，应该让玩家忘记他们正在使用计算机，而
真正地沉浸在游戏中。

思考和练习

1. 游戏界面设计的原则是什么？

2. 设计两款游戏的界面。

结 语

结 语

中国网络游戏市场强劲而有活力，随着互联网和宽带的普及，网络游戏产品开发速度和商业化进程急速加快，自主研发的网络游戏逐渐占据主导地位。中国网络游戏原创力量正在稳步发展，一个好的游戏开发除了优良的引擎，合理的情节，正规的市场化运作，游戏的角色美感、场景氛围、动作塑造，是游戏在视觉上吸引玩家的必要元素，作为一个游戏艺术设计师，应当具备基本的造型、色彩、结构、运动规律等基本素质的撑控能力，只有这样才能创作出满足市场需求的优秀游戏作品。本书通过对以上提到的要点及要求进行剖析，以使读者较为清晰地理解游戏艺术创作的流程及创作规律。

对于一个游戏创作者和学习者来说，游戏创作是一个充满挑战和激情的行业。每个游戏作品都凝结着创作者的智慧和艺术修养。《游戏艺术设计》这本书通过对游戏设计的理解以及在工作与教学中的经验积累对游戏的创作过程进行了较为全面的阐述。希望通过本书的出版能与同行产生共同交流和探讨，共同取得进步。